海洋 探索未知事物
引领孩子走进海洋世界
EXPLORATION

TAIFENG TANMI

台风探秘

陶红亮　主编

海洋出版社

2025年·北京

图书在版编目（CIP）数据

台风探秘 / 陶红亮主编. -- 北京：海洋出版社，2025. 1. -- ISBN 978-7-5210-1415-0

Ⅰ．P444-49

中国国家版本馆CIP数据核字第2024P9N179号

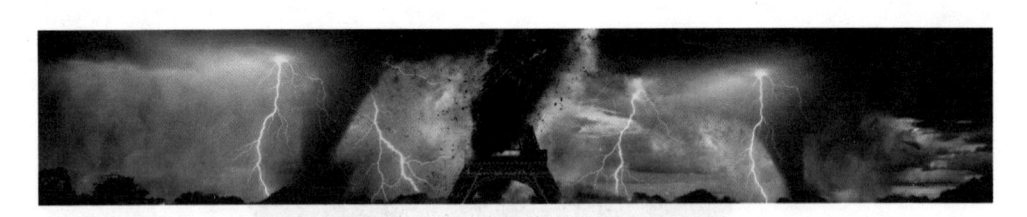

海洋探秘

台风探秘　TAIFENG TANMI

总 策 划：刘　斌	发行部：（010）62100090
责任编辑：刘　斌	总编室：（010）62100034
责任印制：安　淼	网　　址：www.oceanpress.com.cn
整体设计：童　虎·设计室	承　　印：侨友印刷（河北）有限公司
	版　次：2025年1月第1版
	2025年1月第1次印刷
出版发行：海洋出版社	开　本：787mm×1092mm　1/16
地　　址：北京市海淀区大慧寺路8号	印　张：10
100081	字　数：180千字
经　　销：新华书店	定　价：59.00元

本书如有印、装质量问题可与发行部调换

海洋探秘

| 顾　问 |

金翔龙　李明杰　陆儒德

| 主　编 |

陶红亮

| 副主编 |

李　伟　赵焕霞

| 编委会 |

赵焕霞　王晓旭　刘超群

杨　媛　宗　梁

| 资深设计 |

秦　颖

| 执行设计 |

秦　颖　孟祥伟

前言

在地球上，海洋总面积为3.6亿平方千米，大约占地球表面积的71%。海洋看似距离我们十分遥远，其实人类的生活与海洋密切相关。海洋环境的变化会直接影响人类的生产、生活。

台风是海洋和大气共同孕育的产物。台风是在气温、涡流扰动、环境风、气压等因素的共同作用下形成的。它的形成需要具备以下几方面的条件：海面水温达到26.5℃以上；一定的正涡度初始扰动；环境风在垂直方向上的切变小；低压或云团扰动至少离赤道几个纬度。从台风形成的初始低压环流到中心附近最大平均风力达8级，一般需要两天左右。在发展阶段，台风不断吸收能量，直到中心气压达到最低值，风速达到最大值。台风从海洋登陆后，因受到地面摩擦和能量供应不足的共同影响而会迅速减弱直至消失。

在大多数人心目中，台风危害性极强，是世界上最严重的自然灾害之一，它所引起的狂风、暴雨、风暴潮，往往会威胁人类的生命财产安全。例如，台风过境时常常会导致海面掀起滔天巨浪，极大地威胁着人类的航海安全；台风登陆后，会引发山洪、泥石流等，冲毁房屋和各类建筑设施，造成大量人员伤亡等。

事实上，台风在给人类带来危害的同时，也

给人类带来了好处。它可以为人们带来丰沛的淡水；驱散靠近赤道的热带、亚热带地区的热量，使地球热量维持平衡；还能增加捕鱼量，每当台风吹袭时翻江倒海，将江、海底部的营养物质卷上来，吸引鱼群在水面附近聚集，渔民可以得到更多的渔获。

  本书共有6个章节，包括数百个知识点、近百张高清彩色图片，全面系统地介绍了关于台风的知识，如台风是如何形成的，台风的结构、台风的危害，对台风的预防，以及台风灾害发生时该怎么办，等等。每个章节按照不同的主题组织内容，导语、海洋万花筒、奇闻逸事、开动脑筋等栏目穿插其中，提升了本书内容的丰富性和阅读趣味。阅读本书，我们不仅能了解关于台风的知识，还能增强防灾减灾意识，提高自救能力。可以说，这是一本关于台风的极简百科全书。

目录
CONTENTS

Part 1 | 台风是如何形成的

2/ 力与风的形成

8/ 风带与台风的形成

14/ 台风的结构

Part 2 | 台风的功与过

22/ 台风造成的巨大危害

28/ 台风造成的间接灾害

34/ 风暴潮引发的灾害

40/ 台风也会立功

Part 3 | 台风的预防

48/ 台风来临前有哪些征兆

54/ 台风预警与防御指南

60/ 及时发布台风警报

66/ 社会防范措施

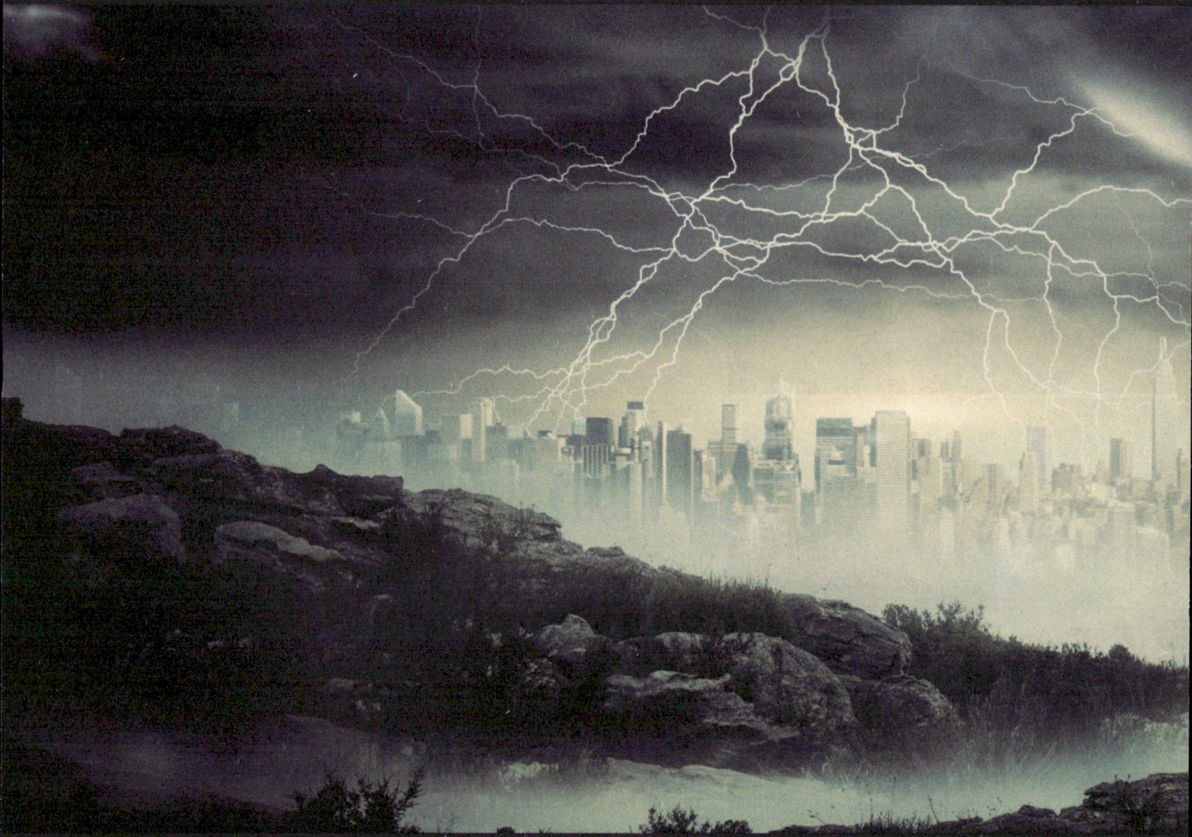

Part 4 | 台风来了怎么办

74/ 台风到来时的居家防范

80/ 台风困境中如何脱险

86/ 台风过后应注意什么

Part 5 | 台风趣闻知识

94/ 被除名的台风

100/ 有关台风的谚语

106/ 卫星看台风

112/ 人工影响台风

Part 6 | 典型台风案例

126/ 台风多发的 2001 年

132/ 发生在我国的台风案例

138/ 发生在美国的飓风案例

144/ 发生在亚洲的台风案例

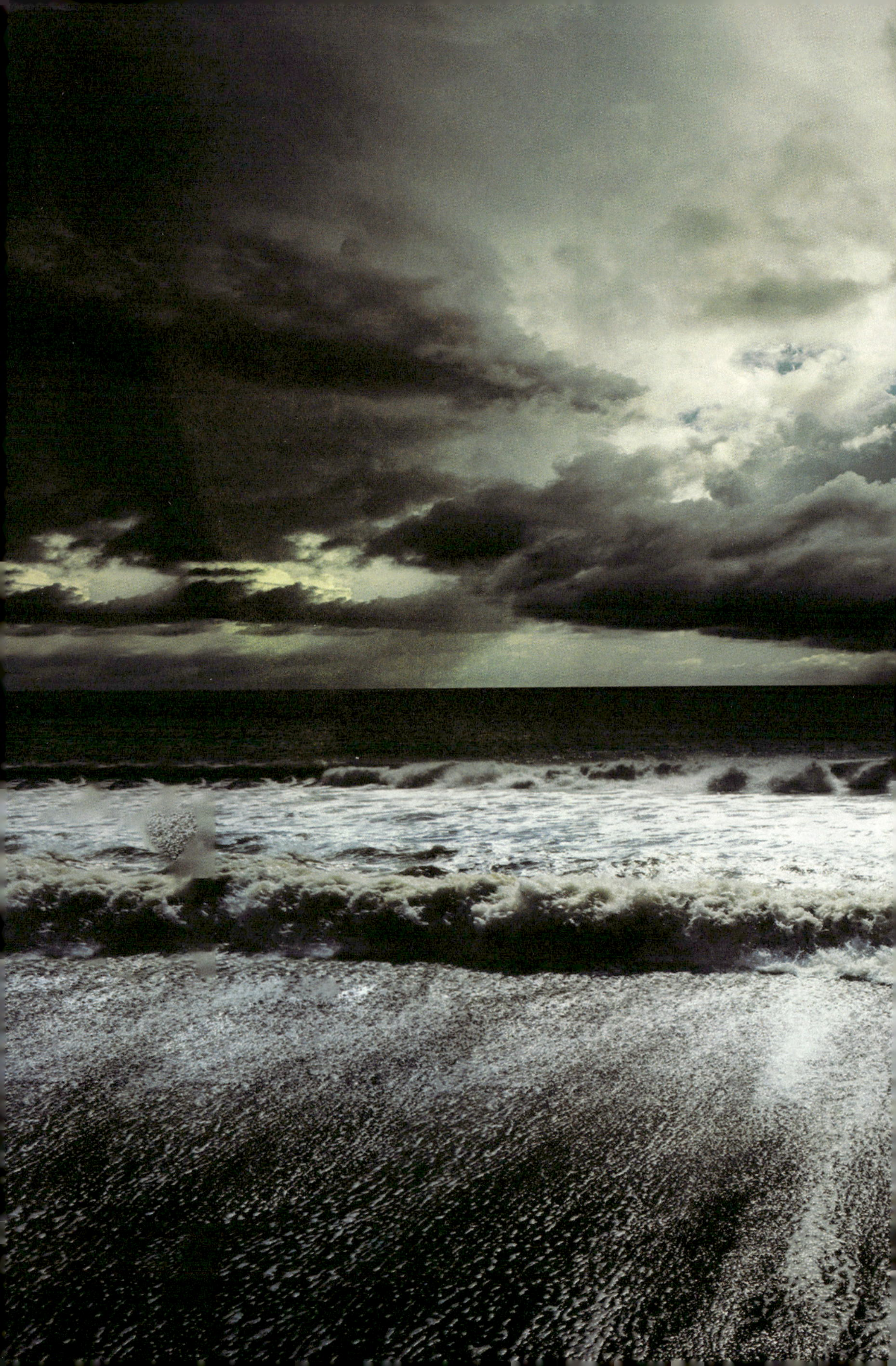

Part 1
台风是如何形成的

风无色无形,却是每个人都能体验到的一种自然现象。可以说,只要生活在地球上,任何人都能感受到风的存在,这和风的形成原因有关。当太阳照射在地面上,地表温度升高,空气产生流动,自然就会有风。然而,大自然的奇妙之处在于,简简单单的风,却也能分成许多不同种类,从而形成五花八门的自然现象。

Part 1 台风是如何形成的

力与风的形成

风是一种自然现象，无论是阳光明媚还是雷雨阵阵的天气，都有可能刮风。那么，风是从哪里来的，又是怎么形成的呢？风是由空气流动引起的一种自然现象，它是由太阳辐射热引起的。当太阳光照射在地表时，地表温度升高，地表的空气受热膨胀变轻了，开始向上升。热空气上升后，低温的冷空气横向流入，上升的空气因逐渐冷却变重而降落，地表较高的温度又会加热空气使之上升，这种空气的流动就产生了风。

海洋万花筒

飞机起飞或降落时最好选择逆风的方向，所以飞机的跑道应该与风的方向一致。航海应顺风航行，这样既可以提高航速，也可以节省燃料。

风也有方向

气象上把风吹来的方向确定为风的方向。比如，风来自北方，就称为北风；风来自南方，就称为南风。"孔明借东风"也是对风向作用的一种描述。风向也会有摇摆不定的时候，当风在某个方向左右摆动不能确定时，则加一个"偏"字，如偏北风、偏西风等。当风力很小的时候，也会用"风向不定"来说明。

旋风来了

旋风分为两种：一种旋风是因为空气围绕地面上的丘陵、树木、建筑等不平的地方流动时，要急速地改变它的前进方向，因而就会产生随气流一同移动的旋涡，这就是比较常见的小旋风，它对人造成不了重大危害。另外一种旋风是当某个地方被太阳晒得很热时，这里的空气就会膨胀，一部分空气被挤得上升，到高空后温度又逐渐降低，开始向四周流动，最后下沉到地面附近。由于空气是在地球上流动，而地球又是时刻不停地从西向东旋转，空气在流动过程中会受到地球转动的影响，北半球向右偏，南半球向左偏，于是从四周吹来的较冷空气，就围绕着受热的低气压区旋转起来，这就形成了旋风。

海洋万花筒

焚风的害处很多。它常常使果木和农作物干枯，降低产量；使森林和村镇的火灾蔓延并造成损失。此外，焚风天气出现时，许多人会出现不适症状，如疲倦、抑郁、头痛、脾气暴躁等。

焚风

焚风是一种山区特有的天气现象。它是由气流越过高山后下沉造成的。那么，它是怎样产生的呢？当一团空气从高空下沉到地面时，会发生每下降1000米，温度平均升高6.5℃的现象。这就是说，当空气从海拔4000～5000米的高山下降至地面时，温度会升高20℃以上，使凉爽的天气顿时热起来，这就是"焚风"产生的原因。

Part 1 台风是如何形成的

忽大忽小的阵风

阵风是气象术语，它是指风速在短暂时间内突然出现忽大忽小变化的风，也是指"瞬间极大风速"。空气是流体的一种，而阵风的产生就是这种空气流体扰动的结果。当流体在运动中，流过固体表面时，会遇到来自固体表面的阻力，使流体的流速减慢。低层风速会减小，而上层不变，这就使空气发生扰动。因为有丘陵、建筑物和森林等障碍物阻挡而产生回流，这就会造成许多不规则的涡旋，这种涡旋会使空气流动速度产生变化。当涡旋的流动方向与总的空气流动方向一致时，就会加大风速。相反，则会减小风速，所以风速就会出现忽大忽小的现象，当瞬时出现极大风速时，阵风也就出现了。

可怕的龙卷风

龙卷风是一类气象灾害，它是一种少见的局地性、小尺度、突发性的强对流天气，是一种由不稳定的空气对流运动造成的、强烈的、小范围的空气涡旋。龙卷风的结构主要有漏斗云和维持其存在的对流系统。漏斗云就是从积雨云中伸下的猛烈旋转的漏斗状云柱。它有时稍伸即隐，有时悬挂空中或触及地面。漏斗云可能不会直接抵达下垫面，但若其接近地面，可能将地面上的水、尘土、泥沙挟卷而起，形成"龙嘴"。在对流系统的作用下，形成龙卷风。

每年出现的信风

信风每年都会出现，非常稳定。它是一种在低空从副热带高气压带吹向赤道低气压带的风。这种风的方向很少发生改变，西方古代商人们常借助信风吹送，往来于海上进行贸易，因此把信风称为"贸易风"。信风的形成与地球三圈环流有关，太阳长期照射下，赤道受热最多，赤道近地面空气受热上升，在近地面形成赤道低气压带，在高空形成相对高气压带，在地转偏向力的影响下，北半球会形成东北信风，南半球会形成东南信风。

海洋万花筒

三圈环流，即因为太阳辐射对高低纬度的加热不均和自转偏向力影响所形成的环流圈。三圈环流分为三个主要环流圈，分别为哈得莱环流（低纬环流）、费雷尔环流（中纬环流）和极地环流（高纬环流）。

什么是反信风

东北信风与东南信风在赤道附近辐合上升，在高空分别向纬度较高方向流去，在地球转动偏向力的作用下，其风向分别与其低层信风风向相反，因此称为反信风。也就是北半球为西南反信风，南半球为西北反信风。

Part 1 台风是如何形成的

风的力量

　　风力是指风吹到物体上所表现的力量的大小。通常根据风吹到地面或水面的物体上所产生的各种现象来划分风力的等级。我国唐代时期就已经制定风力等级。当时并没有发明测定风速的精确仪器，但是已能根据风对物体影响的状态，计算出风的移动速度，然后制定风力等级。

风力的等级

　　古人曾经通过观察风对树产生的作用，来划分风力的等级（简称风级）。如《乙巳占》中所说，"一级动叶，二级鸣条，三级摇枝，四级坠叶，五级折小枝，六级折大枝，七级折木飞沙石，八级拔大树及根"。我国制定的风力等级：最小的风力是0级，最大的风力为17级。人们为了准确测量风力的大小，经常在野外用轻便风速表来测量风力，也有一些测风器，除了有上面讲的风速表的构造性能外，还在轴上装有风向标，可以指示风向，称为风速风向仪。

风速

风速是指空气相对于地球某一个固定地点的运动速率。风速越大，风力就越高。风速是没有等级划分的，而风力的等级划分是以风速作为依据的。研究风速对航天事业以及军事应用等方面都具有重要作用和意义。风既有大小，又有方向，因此，风的预报包括风速和风向两项。风速的大小常用风级来表示，所以当风级达到12级以上时，就说明此时的风速非常高。像强台风中心或龙卷风的风级，都可能比12级大得多，这种风的风速也是非常大的。

海洋万花筒

飓风约翰是中太平洋有记录以来的第三个5级飓风，并创下该海域最高的风速纪录，达280千米/小时。台风泰培是地球上记录的最强的热带气旋。地球表面最快的"正常"风速达到372千米/小时，这是1934年4月12日在美国新罕布什尔州的华盛顿山记录的。但是，1999年5月，在美国俄克拉荷马州发生的一次龙卷风中，研究人员测到的最快风速达到了513千米/小时。

开动脑筋

1. 阵风为什么会忽大忽小？
2. 焚风是有益的，还是有害的？
3. 目前风力的等级划分是多少级？

Part 1 台风是如何形成的

风带与台风的形成

风带是指不同性质的大气水平运动地带。由于三圈环流在气压带之间形成的全球性大气环流分布在不同纬度位置，形成了不同性质的大气水平运动地带，从而形成了风带。台风是一种热带气旋，它是发生在热带或副热带洋面上的低压涡旋，按照风力等级来划分，达到12级以上的都称为台风。

风带的季节性移动

风带会发生季节性的移动。这是由于地球的公转运动，使太阳直射点随季节的变化而在南、北回归线之间移动，从而引起气压带和风带的移动。从夏至到秋分，太阳直射点逐渐南移至赤道；从秋分到冬至，又南移到南回归线。由于太阳直射北回归线的时间很短，低气压带来不及形成，所以赤道低气压带不可能移到北回归线附近。但这时南半球的东南信风可以一直吹到赤道，甚至有一部分可越过赤道，吹送到北半球，并偏转成西南风。

台风是什么

台风属于热带气旋的一种。热带气旋是一种发生在热带或副热带洋面上的低压涡旋，这是一种强大而深厚的"热带天气系统"。我国把南海与西北太平洋的热带气旋分为6个等级，按照其底层中心附近最大平均风力等级来划分，达到12级以上的都称为台风。

台风是怎么形成的

台风是气温、涡流扰动、环境风、气压等因素的共同作用下形成的。它需要具备以下几个方面的条件才能形成：海面水温达到26.5℃以上；一定的正涡度初始扰动；环境风在垂直方向上的切变小；低压或云团扰动至少离赤道几个纬度。从台风形成的初始低压环流到中心附近最大平均风力达8级，通常需要两天左右。在发展阶段，台风不断吸收能量，直到中心气压达到最低值，风速达到最大值。当台风从海洋登陆陆地后，受到地面摩擦和能量供应不足的共同影响，台风会迅速减弱直至消失。

Part 1 台风是如何形成的

原先存在的扰动

台风的形成都是从一个原先存在的热带低压扰动发展而来的。在我国的统计中，西太平洋—南海地区的热带气旋来自4种初始扰动，它们分别是热带辐合带中的扰动、东风波、中高纬长波槽中的切断低压或高空冷涡、斜压性扰动。

水温26.5℃引起的变化

热带海洋的海水表面水温决定了低层大气的温度和湿度。海水表面水温越高，则低层大气的气温越高、湿度越大，位势不稳定越明显。台风形成于海水表面水温26～27℃的暖洋面上，一般来说，全球热带海洋的海水表面全年都满足此条件，因此，每年都会有台风发生。只有赤道东南太平洋全年海面水温低于26.5℃，所以这里不会出现台风。

海洋万花筒

观测台风的手段除了看风和云以外，还可以看其他物像。比如，海水表层会出现一片片磷光，一些发光的浮游生物（磷虾、角藻等）、鱼类、海鸟及各种海水中的生物会有反常的现象。这些反常的现象有时可以预示台风的到来。

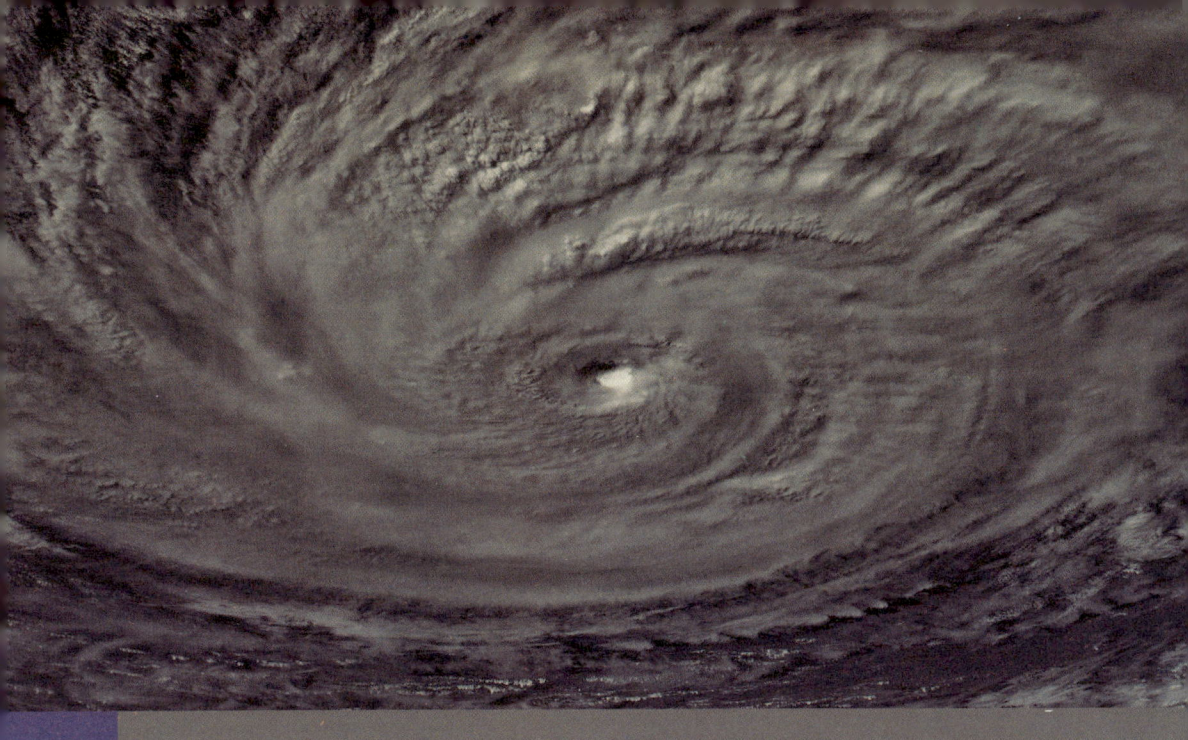

台风生成的位置

台风大多生成于距赤道 5 个纬距以外的热带海洋上，只有西北太平洋有个别台风形成于 3°N 附近。但在赤道附近 3 个纬距以内很少有台风形成。这是因为地转参数的作用有利于气旋性涡旋的生成。

对流层风速的垂直切变

对流层风速垂直切变的大小，直接决定能否形成一个初始台风，即一个初始热带扰动中分散的对流释放的潜热，能否集中在一个有限的空间之内。如果垂直切变小，上、下层空气相对运动很小，则凝结释放的潜热始终加热一个有限范围内的同一些气柱，而使之很快增暖形成暖中心结构，初始扰动能迅速发展形成台风。反之，如果上、下切变大，潜热将被很快输送出扰动区的上空，不能形成暖中心结构，也不可能形成台风。

Part 1 台风是如何形成的

台风的害处

台风带给人类的灾害主要体现在登陆前和登陆后。由台风引起的狂风、暴雨、风暴潮,往往会对人们的生命、财产造成重大损害,如导致潮水漫溢、海堤溃决、有时甚至冲毁房屋和各类建筑设施、淹没城镇和农田,造成大量人员伤亡和财产损失等,还会引发山洪、泥石流等灾害。

台风的好处

台风对人类也有一定的好处:它可以为人们带来丰沛的淡水;靠近赤道的热带、亚热带地区受日照时间最长,干热难忍,如果没有台风来驱散这些地区的热量,这里将会更热,地表沙荒将更加严重;台风最高时速可达200千米以上,这巨大的能量流动使地球保持着热平衡,使人类安居乐业,生生不息;台风还能增加捕鱼量,每当台风吹袭时翻江倒海,将江、海底部的营养物质卷上来,吸引鱼群在水面附近聚集,渔民可以得到更多的渔获。

台风与飓风的区别

台风和飓风实际上都属于北半球的热带气旋，它们产生在不同的海域，因此被不同的国家用了不同的名称。一般来说，在大西洋和北太平洋东部生成的热带气旋，被称作飓风，而把在北太平洋西部生成的热带气旋称作台风。在北半球，国际日期变更线以东到格林尼治子午线的海洋洋面上生成的气旋称为飓风，而在国际日期变更线以西的海洋上生成的热带气旋称为台风。

开动脑筋

1. 风带会发生季节性移动吗？
2. 台风形成的必需条件有哪些？
3. 分别举例说明台风带来的坏处与好处？

海洋万花筒

影响海地和美国的飓风"马修"，就带来了严重的人员伤亡和财产损失，被西方媒体称为"怪兽"。对任何一个受"马修"影响的国家而言，都经历了对国家防灾减灾能力的严峻考验。

参考答案：
1.风带会发生季节性移动。
2.台风形成的条件有广阔的洋面，湿润的空气，大量的热，地转偏向力等。
3.台风的坏处是暴风雨成灾，好处是缓解旱情带来大量的淡水和降雨。

Part 1 台风是如何形成的

海洋探秘系列 台风探秘

台风的结构

台风长什么样呢？从空中向下俯视，台风有一只黑色的"眼睛"长在最中间，被称为台风眼，这里无风无雨，云淡风轻。围绕"眼睛"的是连续密闭的云区，再向外是螺旋状云带，这些云区、云带都会产生风雨，强度不同。台风有3个明显不同的区域，从中心向外依次为：台风眼区、云墙区、螺旋雨带区。

台风眼区

台风眼区是热带气旋中气压最低的部分，它位于热带气旋中心地带。那里风力很小，平均直径为40千米。在外围空气旋转、上升的同时，台风中心的台风眼区则会形成下沉气流。在下沉气流的影响下，这一区域便会云消雨散，出现暂时的晴天，如果是在夜间甚至可以看到夜空中闪烁的星星。通常台风眼区的宁静会持续6小时左右，随着台风眼的转移，这一区域就会迎来疾风骤雨的天气。

海洋万花筒

台风的出现预示着热带气旋的中心风力达到了12级。由于地球的自转和地面的摩擦作用，在北半球的气旋风向是"逆时针往里吹"，这说明当台风靠近当地时，会影响当地的风向。

隔绝的风眼区

台风眼外围的空气进行高速的逆时针旋转,不仅会在台风外围形成上升气流,还会产生强大的离心力,使台风眼区与外面的空气隔绝,这样外围旋转的气流就无法进入其中。所以,台风眼区的天气状况与台风外围的天气状况会有天壤之别。也正是因为这样,每次在播报台风风力的时候,播报员都会说"中心附近最大风力",而不是"中心最大风力"。因此,台风眼边缘才是台风风速最大的地方。

风眼区的形状

热带气旋的眼区一般是圆形的,也有椭圆形的。眼区直径的大小受热带气旋的强度影响,在热带气旋发展初期,眼区呈不规则状态,范围很大。当热带气旋强烈发展时,眼区缩小成轴对称分布的圆形。

海洋探秘系列 台风探秘

Part 1 台风是如何形成的

云墙区

云墙区是气象术语，是指台风眼周围宽几十千米、高十几千米的云墙，也称作眼壁。这片区域的天气最恶劣，这里云墙高耸，狂风呼啸，大雨如注，海水翻腾，极为凶险。云墙区是由一些高大的对流云组成，其直径通常为200千米，有时可达400千米。台风中心到台风眼区，其直径一般为10～60千米，大的超过100千米，绝大多数呈圆形，也有椭圆形或不规则形的。

涡旋中的"云墙"

热带气旋的云墙是由高大的对流云组成的。"云墙"中常出现狂风暴雨。紧靠云墙的是呈旋涡状的积雨云带和浓厚的层状云，在外面一层是塔状层积云或浓积云，在热带气旋行进的方向，塔状云更多，民间称为"飞云""跑马云"。

海洋万花筒

俗语说"无风不起浪"，风直接的作用是引起水面波动，可以根据浪高来辨别风力的大小。如7级风对应的浪高是4米，10级风对应的浪高是9米，并且风的运动区域越大，运行时间越长，浪就越高。

涡旋中的狂风

热带气旋的涡旋区一般直径为200～400千米，风力在8级以上。距离中心直径为100～150千米，风力达10级，当距离中心小于100千米时，风力急速增大，并带有阵性。热带气旋中心眼区附近最大风速带与环绕台风眼的云墙重合，这个区域是破坏力最集中、最猛烈的地方。

涡旋中的暴雨

在涡旋区8～9级的风中，积雨云会降下阵性暴雨，这是一种连续性大雨。当进入热带气旋云墙10～12级风圈中，降下的是大暴雨、特大暴雨。而这种暴雨、大暴雨、特大暴雨都是降雨量的等级。

涡旋中的巨浪

热带气旋中的中心气压很低，因此气旋内的大风使周围海面产生巨大的风浪和涌浪。大风掀起的海浪高度与速度大小、风的持续时间成正比，越接近热带气旋的中心，风浪就越大。

海洋探秘系列 台风探秘

Part 1 台风是如何形成的

海洋万花筒

热带气旋螺旋云带有18条不等，每条螺旋云带长短、大小不一。云带宽度一般靠近密蔽云区或眼区的宽，距离远的窄，宽的可达2~3千米，窄的为0.2千米左右。螺旋云带越长，宽度越宽，云亮度越亮，则表示螺旋云带越强。

螺旋雨带区

螺旋雨带区是指云墙外的区段，这里有几条雨（云）带呈螺旋状向眼壁四周辐合，雨带宽几十千米到几百千米，最大可达几千千米，雨带所经之处会降阵雨和出现大风天气。台风的中心附近往外一直到台风的边缘都是风雨区，总体上越往外，风雨越小。台风边缘以外的区域就是外围的晴朗区，气流下沉，天气晴朗干燥，风力也比较小。

开动脑筋

1. 台风眼区为什么会出现暂时的晴朗天气呢？
2. 台风云墙区的天气是什么样的？
3. 螺旋雨带区会出现什么样的降雨？

参考答案：
1.台风眼区为下沉气流，空气绝热增温，水汽蒸发；2.狂风暴雨，电闪雷鸣天气；3.阵雨。

台风外围区的云

台风的外围是由强对流云团演变成螺旋云带组成的，螺旋云带是台风内部热量垂直输送的主要地区，在云带中有显著的上升运动。螺旋云带的结构与台风强度有密切关系。螺旋云带主要表现为其前端的对流逐渐加强，其余部分逐渐减弱。前端的强对流云团总体表现为旋入运动且维持时间较长，而其余部分的云团总体表现为远离中心。

台风的垂直方向

台风在垂直方向上分为流入层、中间层和流出层 3 部分。从海面到 3 千米高度为流入层，3～8 千米高度为中间层，从 8 千米高度左右到台风顶是流出层。在流入层，四周的空气以逆时针（在北半球）方向向内流入，越靠近中心风速越大，旋转半径越短，等压线曲率越大，离心力也相应增大。在地转偏向力和离心力的作用下，内流气流并不能到达台风中心，在台风眼壁附近环绕台风眼壁做强烈的螺旋上升。

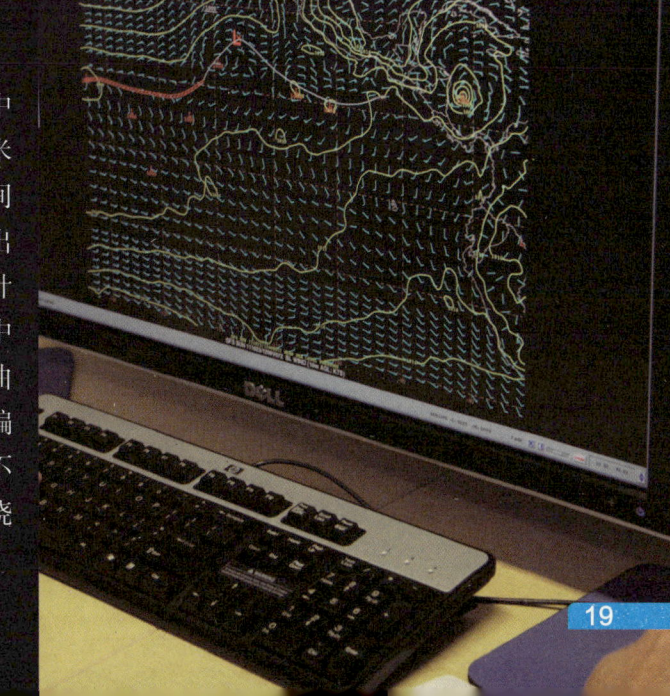

Part 2
台风的功与过

台风可以说是世界上最严重的自然灾害之一，以往发生的台风给人类带来的灾难数不胜数。在海洋上产生的台风足以掀翻巨轮，在沿海登陆的台风造成房倒屋塌，给人们的生命和财产造成重大损失。但是台风也有好的一面，它可以给干旱地区带来丰沛的雨水，也可以给炎热的天气带来一丝凉意。

Part 2 台风的功与过

台风造成的巨大危害

台风是世界上最严重的自然灾害之一，不仅可以摧毁陆地上的建筑、桥梁、车辆等，由台风诱发的暴雨、风暴潮、山体滑坡、泥石流等，在海上掀起的巨浪还足以把万吨巨轮抛向半空，造成大量的人员伤亡及财产损失。台风还可能造成生态破坏、疫病流行，台风引发的洪水过后常出现疫情，甚至造成农作物的病虫害。

掀起海上巨浪

在世界航海史上，由台风引起的灾难性海浪数不胜数。全世界有100多万艘船舶因惊涛骇浪而沉没。中国古代航海文献中记载了许多航海者与狂风恶浪搏斗的场面，隋唐时期，鉴真和尚在11年中东渡日本6次，前5次都因遇台风和巨浪而失败。元朝范文虎率十多万大军，乘4400多艘战舰进攻日本，结果一次台风突然袭击，战舰几乎全部毁坏、沉没，十多万人仅3人生还。

海岸出现风暴潮

　　风暴潮是一种由台风引起的严重自然灾害。当台风移向陆地时，台风的强风和低气压的作用使海水向海岸方向强力堆积，潮位猛涨，海浪排山倒海般向海岸压去。强台风的风暴潮能使沿海水位上升5～6米。如果风暴潮与天文大潮高潮位相遇，就会产生高频率的潮位，导致潮水漫溢，海堤溃决，冲毁房屋和各类建筑设施，淹没城镇和农田，造成大量的人员伤亡和财产损失。

海洋万花筒

　　1923年8月18日的一次强台风，监测到110节（55米/秒）的最大风速和目测到波高近10米的狂浪，导致停在我国香港港内的16艘远洋船舶被抛上岸边，以及一艘潜艇沉没。就连泊在九龙船坞内的1700多吨的"龙山"号轮船，也被风浪拉断锚链连同其他船只一起沉没，死亡40余人。

Part 2 台风的功与过

历史上的风暴潮

据统计，汉代至公元1946年的2000多年间，我国沿海共发生特大潮灾576次，一次潮灾的死亡人数少则成百上千，多则上万乃至十万之多。1922年8月2日，一个特大台风在潮汕地区登陆，对当地造成巨大破坏和严重人员伤亡。据《潮州志·大事志》记载，台风"震山撼岳，拔木发屋，加以海汐骤至，暴雨倾盆，平地水深丈余，沿海低下者且数丈，乡村多被卷入海涛中"。该县有一个1万多人的村庄，死于这次风暴潮灾的竟达7000多人。随后疫病暴发，又死了2000多人。记录到的这次风暴潮值为3.65米，台风风力超过了12级。

山体滑坡

山体滑坡是指山体斜坡上某一部分岩土在重力的作用下，整体向斜坡下方移动的现象，是常见地质灾害之一。2020年10月28日，台风"莫拉菲"席卷越南中部多个省份的村庄，掀翻屋顶、折断树木，带来强降雨并引发山体滑坡。按越南政府部门和官方媒体说法，山体滑坡导致广南省两个村庄53人失踪，其中16名遇难者的遗体被找到。政府将大约37.5万人转移至安全地点，取消数以百计架次航班，关闭学校和海滩。"莫拉菲"先前在越南岘港南部登陆时，最大风速达每小时145千米。

泥石流

　　泥石流是暴雨、洪水将含有沙石以及松软的泥土稀释后形成的洪流。泥石流是一种灾害性的地质现象。泥石流暴发突然、来势凶猛，可挟带巨大的石块。因其高速前进，具有强大的能量，因而破坏性极大。2010年9月11日凌晨4时起，浙江杭州受台风"莫兰蒂"的影响，滨江区突降暴雨，引发泥石流和山体塌方，造成了美女山生态公墓952个墓地损毁。杭州市气象台将暴雨黄色预警信号升级为橙色预警信号。据气象部门测算，该区内最大降雨量达232毫米，为历史罕见。

海洋万花筒

　　世界上有10大自然灾害：热带气旋、地震、洪水、龙卷风与雷暴、暴雪、火山爆发、热浪、雪崩、泥石流、潮汐波。其中热带气旋，也就是台风排在第一位。台风的危害要远远高于地震，台风不仅"光顾"我国沿海地区，同时也出现在世界各地，给我国及世界上其他国家带来巨大损失。

Part 2 台风的功与过

海洋探秘系列 台风探秘

暴雨

台风也会带来暴雨，导致山洪暴发、水库垮坝、江河横溢、房屋被冲塌、农田被淹没、交通和通信中断，会给国民经济和人民的生命财产带来严重危害。长时间的暴雨容易产生积水或径流，淹没低洼地段，造成洪涝灾害。据1950—1999年的资料统计，中国平均每年洪涝灾害面积为942.4万公顷，严重洪涝年份农田受灾面积可达1300万公顷以上。

海洋万花筒

中国气象部门规定，暴雨按降水强度大小分为3个等级，即24小时降水量为50～99.9毫米为"暴雨"；100～250毫米为"大暴雨"；250毫米以上为"特大暴雨"。台风是引起暴雨的主要原因之一。中国是多暴雨国家之一。

特大暴雨

1996年8月8日，一个很弱的台风就给福建龙岩地区带来了特大暴雨，造成死亡和失踪共526人，直接经济损失高达30亿元。2004年第7号台风"蒲公英"带来的持续暴雨，致使我国台湾中南部地区发生泥石流和山洪，死亡和失踪30人，直接经济损失达几十亿元。洪灾还造成了大面积的居民楼停电、公路塌方，重创了几座大型电厂。

造成生态破坏

台风不仅会引发暴雨、洪灾等灾害，同时还有可能造成生态破坏、疫病流行等。台风引起的风暴潮会造成海岸侵蚀，海水倒灌造成土地盐渍化等灾害；台风造成的泥石流会破坏森林植被；台风引发的洪水过后常常容易出现疫情等。有时候台风甚至会造成农作物的病虫害。

开动脑筋

1. 风暴潮会引起哪些灾难？
2. 世界10大自然灾害有哪些？举几个例子说明。
3. 暴雨除引起山洪暴发外，还会引发什么灾难？

Part 2 台风的功与过

台风造成的间接灾害

台风是极具破坏力的自然灾害，它不仅会在海上掀起滔天巨浪，还会直接摧毁陆地上的房屋、桥梁、建筑设施等。台风引起的间接灾害也同样破坏力巨大，影响人们的生产和生活，让人不能忽视。因此，了解由台风带来的间接灾害，可以提前进行预防，减轻灾害所引发的危险和损失，让人们早日恢复正常的生活。

由山体滑坡引起的地震

台风不仅会带来暴雨，而且连续的暴雨极易引发山体滑坡。诱发因素在时间上又分为同时性和滞后性两种。同时性是指有些滑坡受到诱发因素影响，如强烈地震、暴雨、海啸、风暴潮等发生时，立即活动；滞后性在降雨，尤其是暴雨、大雨和长时间连续降雨中表现最明显。而山体滑坡也有可能引发地震，会给人们带来更大的灾难。

暴雨引起的山洪暴发

我国是受到台风引发地质灾难比较严重的国家，每次台风来临都会引发山体滑坡、泥石流等地质灾害。台风"龙王"曾引发山洪灾害，台风"莫拉克"影响我国台湾岛时造成的泥石流淹没了一整个村子。山洪暴发会冲毁房屋、田地、道路和桥梁，常造成人员伤亡和财产损失。例如，1933年12月31日深夜，美国洛杉矶地区因降暴雨而引起山洪暴发，冲毁房屋400幢，淹死40人，经济损失达5000万美元。1934年7月11日，日本石川县下平取川因暴雨引发山洪，一之濑村及赤岩村被淹没，有50余人下落不明，福冈金泽市营第二发电所全部被冲走。

海洋万花筒

1956年8月2—3日，中国山西省平顺县东当村突降暴雨，导致狼郊沟内山洪暴发，造成沟崖坍塌，堵塞沟道，形成天然水库，随后挡水坝体突然溃决，村内43户92人和109间房屋，生命财产全遭毁灭。

Part 2 台风的功与过

连续降雨造成的城市内涝

台风带来的暴雨或者海水很容易倒灌进城市，如果城市没有合理的排水方式，就会容易出现内涝现象。城市内涝是指由于强降水或连续性降水超过城市的排水能力，致使城市内出现积水灾害的现象。城市内涝会导致大量路面积水、交通瘫痪，道路成"河流"，广场变"湖泊"，建在低洼地的居民区、工厂等也成了泽国，因此形成了"城市病"。

海洋万花筒

预防城市内涝在国际上有比较成功的案例，如德国汉堡市，该市有容量很大的地下调蓄库，在洪水期有很强的调度水量能力。德国推广的新型雨水处理系统——"洼地—渗渠系统"，是包括各个就地设置的洼地、渗渠等组成的设施，保证尽可能多的雨水得以下渗，不仅大大减少了雨洪暴雨径流，同时也及时补充了地下水。

养殖业受损

　　2021年7月，河南等地发生的洪涝灾害致使受灾的养殖户达到1.5万家，因为极端天气而损毁的圈舍达427.6万平方米，死亡生猪24.8万头，死亡的羊和大牲畜共4.5万头（只），死亡的家禽达644.6万羽，直接经济损失超过22.5亿元。

农作物受损

　　台风往往带来强降雨天气，这会给农业生产带来严重的不利影响。2021年7月，河南暴雨过后，泄洪区又淹没了不少农田和养殖场，导致河南局部地区出现绝收的现象。据农业农村部的统计数据，河南在这次洪涝灾害中，农作物受灾面积达1450万亩，成灾面积达940万亩，绝收的面积达550万亩。河南种植较多的是玉米、大豆、花生，在洪涝的冲刷下，这几种农作物的损失是比较大的。

Part 2 台风的功与过

山洪暴发带来的疫病流行

台风过后，常会因为雨水过多导致泥石流、山体滑坡、山洪等自然灾害暴发。如果医疗环境差，特别是饮用水的卫生难以得到保障，极易导致疫病流行，如传染病中的霍乱、伤寒、痢疾、甲型肝炎等。另外，人畜共患疾病和自然疫源性疾病也是洪涝期间极易发生的，如鼠媒传染病（钩端螺旋体病、流行性出血热）、寄生虫病（血吸虫病）、虫媒传染病（疟疾、流行性乙型脑炎、登革热）等。

做好疫情预防

一旦出现洪涝灾害，需要强化灾区预防性的干预措施：加强环境卫生管理、清除垃圾、污物，掩埋动物尸体，进行粪便和家畜管理，改善居住环境；积极保护水源，通过打井或进行饮用水消毒，使灾民饮用清洁的水；如果发生传染病疫情，要按"早发现、早报告、早隔离、早治疗"的原则，积极处理疫情。

损毁设施造成停水停电

台风会损毁建筑设施。如果电线杆被吹倒了，线路中断了，就会停止供电。而停水的大部分原因也是停电导致的。2018年9月16日，台风"山竹"来势汹汹，深圳进入10级风圈，狂风暴雨持续，而且，本次台风东侧的风力更强。这种情况说明，虽然"山竹"可能在粤西登陆，但"珠三角"地区至粤东的风力将会更强。此时部分片区因受台风影响，供电线路故障导致停水停电，工作人员冒着风雨紧急抢修。

阻断交通影响出行

台风的危害巨大，对居民的生产和生活都有不小的影响。台风过后，道路两旁很多大树倾倒，阻碍交通，也会有一些车辆因为台风受损，这都会影响人们的正常出行。环卫部门要将大树、吹落的杂物等障碍物迅速运离现场，做好路段卫生清洁；安全部门要在路口放置警示牌，尽量降低台风对居民生活的影响。

开动脑筋

1. 山洪暴发会造成哪些灾难？
2. 台风通过哪种灾害引发疫病流行？
3. 台风为什么会引起停水停电？

Part 2 台风的功与过

风暴潮引发的灾害

　　风暴潮是我国水文气象灾害中最严重的海洋灾害，近20年来，造成的经济损失高达2500亿元，约占全部海洋灾害经济损失的94%。风暴潮，又称为"风暴海啸""气象海啸"或"风潮"，通常是指由于台风和温带气旋等灾害导致的海水异常升降，使受它影响的海区的潮位大大超过平常潮位的现象。如果同时与潮汐叠加，就会形成更强的破坏力，又可以称作"风暴海啸"。

来势凶猛的风暴潮

　　风暴潮有两种：一种是增水过程比较平缓的温带风暴潮，另一种是台风风暴潮。它就好像一个"暴君"，来势凶猛、速度快、强度大、破坏力强。台风风暴潮一旦出现，伴随而来的就是各种损坏和一片狼藉。据统计，1949—1993年，我国共发生过最大增水值超过1米的台风风暴潮269次，其中风暴潮位超过2米的有49次，超过3米的有10次。共造成了特大潮灾14次，严重潮灾33次，较大潮灾17次和轻度潮灾36次。

孟加拉湾风暴潮

1970年11月13日，孟加拉湾沿岸发生了一次震惊世界的热带气旋风暴潮灾害。这次风暴增水值超过6米的风暴潮夺去了恒河三角洲一带30万人的生命，溺死牲畜50万头，使100多万人无家可归。1991年4月的又一次特大风暴潮，在有热带气旋及风暴潮警报的情况下，仍然夺去了13万人的生命。

名古屋风暴潮

1959年9月26日，日本伊势湾顶的名古屋一带地区，遭受了日本历史上最严重的风暴潮灾害。最大增水值曾达到3.45米，最高潮位达到5.81米。当时，伊势湾一带沿岸水位猛增，风暴潮激起千层浪，汹涌地扑向堤岸，防潮海堤短时间内即被冲毁。此次风暴潮灾害造成了5180人死亡，伤亡合计7万余人，受灾人口达150万人，直接经济损失达852亿日元。

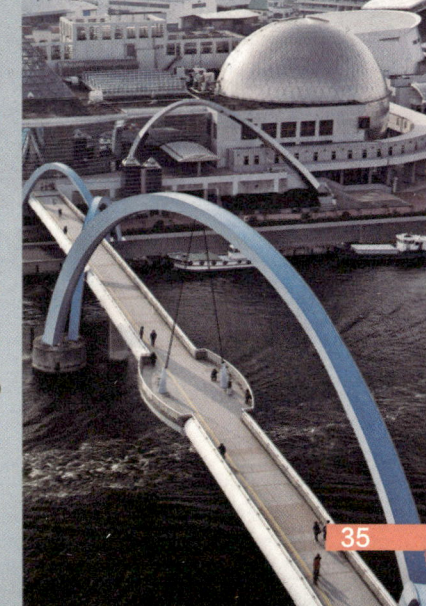

Part 2 台风的功与过

海洋探秘系列 台风探秘

清代渤海湾风暴潮

我国历史上由于风暴潮灾害造成的生命财产损失同样令人触目惊心。1895年4月28日和29日，渤海湾发生风暴潮，毁掉了大沽口几乎全部建筑物，整个地区变成一片泽国，"海防各营死者2000余人"。1922年8月2日，一次强台风风暴潮袭击了汕头地区，造成我国20世纪死亡人数最多的一次台风灾害，夺走了8万多人的生命。

东部沿海风暴潮

1992年8月28日至9月1日，受第16号强热带风暴和天文大潮的共同影响，我国东部沿海发生了1949年以来影响范围最广、损失非常严重的一次风暴潮灾害。潮灾先后波及福建、浙江、上海、江苏、山东、天津、河北和辽宁等省、市。受灾人口达2000多万人，死亡194人，毁坏海堤1170千米，受灾农田193.3万公顷，成灾33.3万公顷，直接经济损失90多亿元。

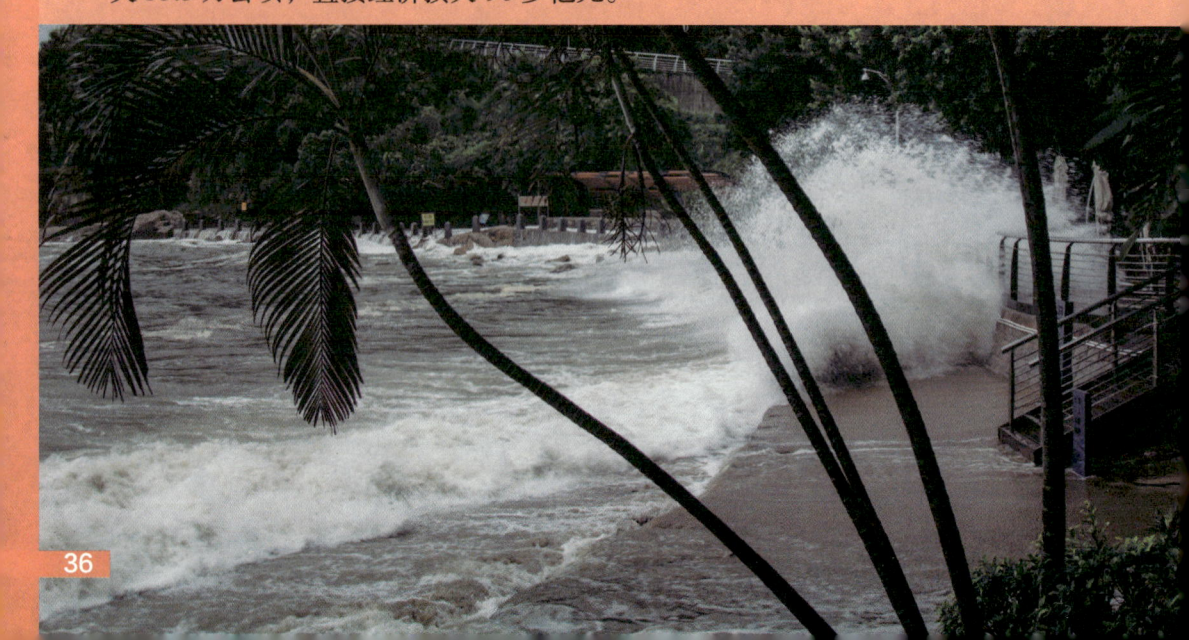

清代上海风暴潮

　　上海在历史上也曾发生多次非常严重的特大风暴潮灾害,其中最严重的一次发生在清代。1696年,历史文字记载:"康熙三十五年六月初一日,大风暴雨如注,时方值亢旱,顷刻沟渠皆溢,欢呼载道。二更余,忽海啸,飓风复大作,潮挟风威……淹死者共十万余人。黑夜惊涛猝至,居人不复相顾,奔窜无路,至天明水退,而积尸如山,惨不忍言。"这是我国风暴潮灾害历史的文字记载中死亡人数最多的一次。我国是世界上两类风暴潮灾害都非常严重的少数国家之一,风暴潮灾害一年四季均可发生,从南到北所有沿岸均无幸免。

奇闻逸事

　　历史上,荷兰曾不止一次被海水淹没,又不止一次地从海洋里夺回被淹没的土地。这些被防潮大堤保护的土地约占荷兰全部国土的3/4。荷兰、英国、波罗的海沿岸、美国东北部海岸和中国的渤海都是温带风暴潮的易发区域。

Part 2 台风的功与过

风暴潮灾害统计

据不完全统计，在公元前 48 年至公元 1949 年的近 2000 年间，有比较详细记载的特大风暴潮灾害就有 576 次，每次造成的死亡人数少的有 1000 多人，多的达到数万乃至十多万人。其后，我国沿岸风暴潮灾害每年造成的直接经济损失由 20 世纪 50 年代的平均 1 亿元左右，增加到 2021 年的 24.6 亿元。随着我国沿海地区人口和经济的迅猛发展，风暴潮灾害造成的损失也已呈逐步上升趋势。

风暴潮预报

风暴潮的预报数值模拟技术包括 3 个方面的内容：一是台风气压场、风场的模拟；二是台风增水的模拟；三是天文潮与增水的耦合模型。从减灾备灾的角度来看，风暴潮灾害预报除了对预报精度有要求外，另一个重要指标就是时效性。从提高精度、增加时效等几个方面考虑，目前大多数较为先进的模型都在朝着台风云图—风暴增水一体化数值预报模式发展，模型通过卫星云图接收系统获得台风信息，实时计算台风路径和台风增水，结合决策支持系统，形成防治风暴潮灾害的预警系统。

海洋万花筒

国内外风暴专家根据讨论决定，把风暴潮灾害分为 4 个等级，即特大潮灾、严重潮灾、较大潮灾和轻度潮灾。

风暴潮的交叉因素

　　风暴潮灾害是天文潮、台风、气象、寒潮大风等因素交叉作用的结果。台风是诱发水位异常变化的强迫力，是台风风暴潮形成的主要因素，寒潮大风也是诱因之一。持续的向岸大风是诱发风暴潮的主要气象因素。强台风风暴潮可以使海平面上升5～6米，使影响海区的潮位大大超过正常潮位，当风暴潮和天文大潮高潮位相遇时，会使水位暴涨，导致潮水漫溢、海堤溃决、冲毁房屋，造成严重的经济损失和人员伤亡。

开动脑筋

1. 风暴潮有哪些种类？
2. 荷兰被防潮大堤保护的国土约占荷兰全部国土的多少？
3. 风暴潮都有哪些因素交叉作用？

参考答案：
1. 风暴潮有两种，分别是台风风暴潮和温带风暴潮。
2. 2/3。
3. 天文潮、台风、气象、寒潮大风等因素交叉作用。

Part 2 台风的功与过

海洋探秘系列 台风探秘

台风也会立功

千百年来，台风经常出现在人们的生活中。台风强大的破坏力，给人们的生活带来了伤痛和毁坏。但是，在这种难以抗拒的自然灾害面前，人们发现了台风的种种好处。比如，台风可以解决全球各地冷热温差巨大的问题，这也是温带地区得以存在的主要因素。台风带来的雨水使酷热的天气变得凉爽怡人。台风带来的降雨也为人类和大地提供了充足的淡水资源。

驱散酷热的天气

靠近赤道的热带和亚热带地区，常年受到太阳的照射，酷热难当。但是让人们害怕的台风来了，它驱散了这些地区的热量，带来了降雨，雨水会将空气"洗刷"一遍，清新凉爽的空气又重新回到了人们的生活中。倘若没有台风的来临，炎热的地区会更加酷热，寒冷的地区也会更加寒冷，温带地区将会从地球上消失。我国将没有昆明这样的春城，也没有四季常青的广州，"北大仓"、内蒙古草原都将不复存在了。所以，即便台风给人们带来了伤害，仍然不能简单地认为它是一个恶魔。

台风带来丰富的鱼类

台风吹袭海面，会掀起巨涛骇浪，海上的船舶如果躲避不及，会发生严重的灾难。但是，海底的许多营养物质也同样被台风翻卷上来，这会吸引无数的鱼儿在水面聚集，争抢食物。对渔民来说，台风过后的海洋就是一个巨大的渔场，可以尽情地捕捞各种鱼。渔民对台风又怕又爱，只要躲开了台风的危害，他们就能获得渔业大丰收。

有活力的短链水分子

台风是空气扰动的结果，同时它也是一种巨大的能量。它不仅能在海面上掀起滔天巨浪，同时还可以击碎水分子长链，形成具有活力的短链水分子。地球上的生物吸入这样的短链水分子后，可增添生命的活力，因此，可以使地球的生态良性发展，为生态系统的持续发展提供了帮助。

海洋探秘系列 台风探秘

Part 2 台风的功与过

台风好似龙王降雨

古代神话传说中有"龙王降雨"的故事，而台风就好似神话中的龙王。每次台风到来，都会携带几十亿吨的淡水到达陆地，这些淡水滋润着大地，提供了人类所需的淡水资源。正是台风的这种携雨功能，使长江下游、珠江三角洲、恒河平原、尼罗河平原等地区成为"地球的粮仓"。古代人们向龙王求雨，或许就是在祈求一场台风的到来，那才是他们心中所企盼的"风调雨顺"。

携雨功能无可取代

俗语说"万物生长靠太阳"，实际上，陆地只吸收了很小的一部分阳光，大部分的阳光都被海洋吸收和存储起来了。海洋因此成为全球大气运动的热量和水汽的主要来源地。每年大洋表面蒸发的水汽有450万亿吨，但是，其中90%的水汽又以雨水的方式回归海洋中，只剩下不足10%的水汽随着气流到达陆地。这些水汽变成雨水落在地面，是无法满足人类的淡水需求的。因此，台风带来的雨水就成为一种人类所需要的淡水资源。台风的这种携带淡水的功能是无可取代的。

收益远远大于损失

　　随着全世界人口的快速增长和工农业的高速发展，人类对淡水资源的需求量也越来越大，陆地上原有的淡水资源已经无法满足人类的需要，世界性缺水问题日益严重。因此，即便台风给人类带来种种灾难与破坏，人类仍然需要台风的到来，接受台风带来的淡水资源。中国沿海、印度、日本等，每年从台风获取的淡水约占这些地区总降雨量的1/4以上，这对改善这些地区的淡水供应和生态环境都有重要的意义。

海洋万花筒

　　经过西澳大利亚的台风中，90%都是对当地的畜牧业有益的。尽管当飓风袭击墨西哥湾时，对沿岸几个地区都产生了巨大的破坏和损失，然而，充足的降水蓄满了水库，拯救了庄稼，飓风所带来的收益要远远大于其带来的损失。

Part 2 台风的功与过

保持热平衡

台风拥有极强的能量，它所携带的能量相当于400枚2000吨级的氢弹的能量，全球的气候正是凭借台风携带的能量来保持一种热平衡。常年干燥炎热的热带和亚热带地区，依靠每年到来的台风将热量带走，如果有一天台风消失了，永不再来，那么这些地区将会越来越热，地表沙化也会越来越严重。同时，寒带会越来越冷，温带也不存在了。因此，狂野粗暴的台风反而成为一位维持全球热平衡的使者，它在破坏人类生活的同时，也深深地影响着人类的美好生活。

台风带来的电能

2004年，我国江南地区出现了持续的高温天气，此时台风"云娜"不期而至。"云娜"的到来，不仅缓解了高温酷暑，同时也间接缓解了电力的紧张程度。一方面，台风登陆后减弱的大风是一种潜在的风电资源，研究表明，只要不是在台风正面登陆的地区，风速一般小于26米/秒，在风力发电机切出风速范围之内，因此是一次满发电的好机会。另一方面，台风带来的降雨进入江河和水库后还可以直接用于水力发电。例如，1995年的9505号台风过境广东省，广东省水利厅下令在台风到来前，全省大、中型水库放水发电，过后让台风带来的雨水把水库灌满，结果，9505号台风使广东省多发电800万度。因此，台风又成了一种水电资源。

历史巧合中的发现

大约 1 万年前，地球结束了第四纪冰川时期，进入较温暖的气候期。此后，人类出现了早期的文明，而台风也出现在人类的视野中，并一直伴随着人类的进化过程。有科学家发现，中国、印度和墨西哥这 3 个人类文明发祥地附近的海面上出现的台风数量，占全球台风总数的 73%。那么，这是一种巧合，还是一种必然？事实上，正是台风带给这些地区丰富的淡水资源，使这些地区气候宜人、土地肥沃，生态环境非常适合人类的生存，为这些地区成为人类文明的发祥地提供了有利条件。

海洋万花筒

根据《自然》杂志上刊登的论文介绍，台风的气压会引发"慢地震"，使地层的能量逐渐释放，避免产生大型的地震。

开动脑筋

1. 台风引起的暴雨给人类带来什么好处？
2. 为什么说台风带来的收益要大于损失？
3. 台风为什么能够保持一种热平衡？

参考答案：
1. 台风能为人类带来丰沛的淡水资源。
2. 因为台风带来淡水资源，而且只要人类做好预警工作。
3. 台风能促使地球保持了热平衡。

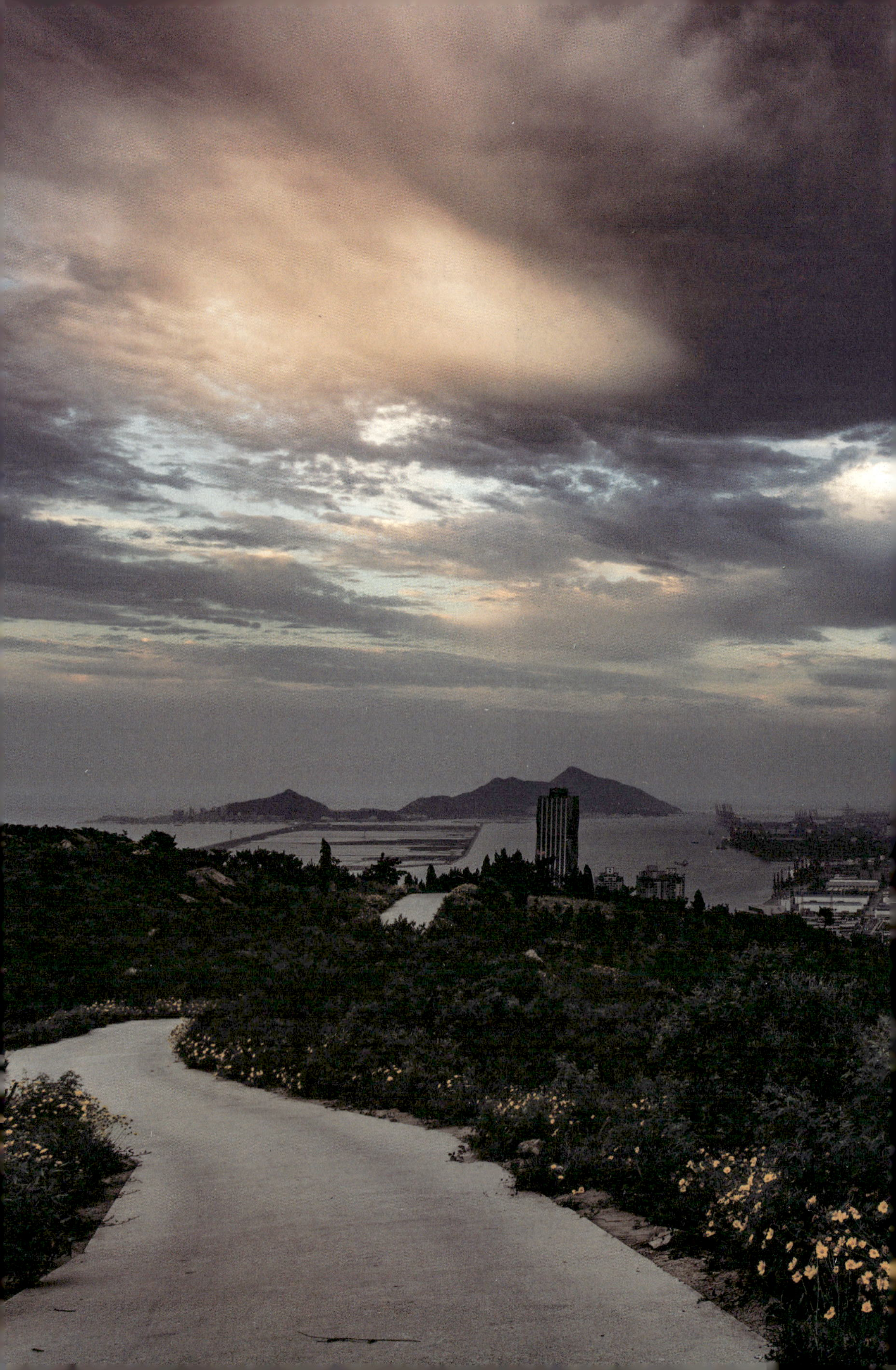

Part 3
台风的预防

自古以来，人类就在与台风做顽强的斗争。每当台风来临之前，都会有一些征兆，如高云、海鸣、异常的晚霞……现代科技的发展，使人类有更多的手段来抵御台风的侵袭。各国的气象局会在台风到来前，发布台风预警信号，如红色预警、橙色预警、黄色预警和蓝色预警。

Part 3 台风的预防

台风来临前有哪些征兆

无论是在海上航行的船只，还是在沿岸生活的居民，都不想面对突然而来的台风。毕竟台风带来的伤害太大了，让遭遇的人难以承受。因此，提前预知台风的到来，做好躲避和防护的准备，就成为人们的选择之一。那么，怎样才能预知台风的到来呢？台风到来之前，又有哪些征兆呢？除了气象台的预警之外，还有许多征兆能够显示台风就要到来了，而这些征兆是我国劳动人民千百年和"老天"打交道的经验积累，它可以作为对气象台的台风预报的一个补充。

高云的不祥之兆

台风包含着风、雨、雷、电等多种元素，在茫茫大海上，如果看到远处出现了白色羽毛般的、高高的卷云，那就要引起足够的警惕。因为台风的最外缘是卷云，这种卷云会在高空呈白色羽毛状或马尾状，当这样的卷云在某个方向出现，并且渐渐增厚而成为较密的卷层云，就说明台风可能正在逐渐靠近。此时，应提前躲避或做好防护措施。

雷雨
忽停忽落很可疑

伴随台风而来的还有雷雨。如果发现高云出现,云层渐密渐低,还伴随着雷雨忽停忽落,这也是台风接近的征兆。这种征兆是渔民们千百年来积累的经验。许多有经验的船员躲开了一次又一次的风暴,而这些经验也流传了下来,成为航海者学习的素材。在我国台湾地区的夏季,山地及盆地区域每日下午常有雷雨发生,如雷雨突然停止,就很有可能是台风正在接近。

海洋万花筒

海吼也称海响或海鸣。其嗡嗡声如远处飞机的声响,又如海螺号角或远雷回旋,在静夜尤其清晰响亮。在台风来临前的两三天,沿海就有可能听到海吼。当海吼逐渐增强时,表明台风已逐渐逼近;若声响减弱,说明台风渐渐离去。渔民凭此征兆采取防御措施,效果很不错。

Part 3 台风的预防

海洋探秘系列 台风探秘

异常出现的晚霞

经常在海上航行的船员，还可以凭借观察异常出现的晚霞来判断台风的来袭。在台风来袭前两日，当日落时，常在西方地平线下发出数道放射状红蓝相间的美丽光芒，发射至天顶再收敛于东方与太阳对称之处，这种现象称为反暮光。它也是台风来临前可能出现的一种征兆。

"断虹现，天要变"

闽粤沿海渔民中流传一句谚语："断虹现、天要变。"这句谚语就是指台风将袭击并带来狂风暴雨。断虹也称短虹，是出现于东南方海面上的半截虹。它没有常见的雨虹的弧状弯曲，色彩也不鲜艳，通常在黄昏时出现。断虹是由台风外围低空中的水滴折射阳光而形成的，所以看到断虹就可以判断出台风即将来临。

海火出现，台风将至

台风来临前两三天，渔民可以在海水表面看到点点、片片的磷光在不停地闪烁，这些磷光时沉时浮，渔民们称为"海火"或"浮海灯"。实际上，这是一些发光的浮游生物，如夜光虫、角藻、磷细菌、磷虾等，还有那些寄生有磷细菌的某些鱼类，在海水表层浮动时所呈现的景象。有些鱼类，特别是浅海鱼类在台风逼近时会上浮，一些较大的生物，如海豚也往往群集海面。深海鱼也随海流而来到浅海，甚至可看到鲸，有时还可以发现一些上浮的深层鱼类、底栖生物，如海蛇浮上海面缠结成团等。这些都是台风到来前出现的征兆。

海洋万花筒

当台风中心距离海岸五六百千米时，沿海渔民可以看到东方天边散布着像乱丝一样有光的云彩，从地平线像扇子一样四散开来，有六七千米高，并且天空在早晨或晚上会出现美丽的彩霞。看到这种云霞，台风可能就要来了。

横穿天空的"风缆"

沿海渔民习惯把天空中的辉线，即从东方地平线向上辐射出的三五道横贯天穹的蓝色条纹，称为"风缆"。这是由于台风区内有许多高耸的对流云带，当台风接近时，阳光被地平线附近或地平线以下这种成行的积雨云或浓积云单体遮蔽，就会在天空中出现一道道暗蓝色条纹，有时它会横穿天空，在太阳相对方向汇聚，随着太阳上升而很快模糊消失。因此，"风缆"的出现也预示着台风可能即将来临。

Part 3 台风的预防

鱼群上浮怪象

台风来临前，低频风暴声波虽人耳不可闻，但某些海中的鱼、虾却可以感觉到，因而受惊骚动，四散流窜；或是由于台风区气压明显下降，海水中含氧量减少，鱼会上浮。据说，有些海洋生物就喜欢在这种气象条件下进行繁殖，因此群浮在海面。而海水污浊，泥沙翻滚，都是促使浅海鱼类以及底栖生物浮上海面的原因。在台风来临前，还可看到大群海鸟朝陆地方向急急忙忙飞去，有时会出现海鸟疲惫不堪，以致跌落在船上或海面上，甚至会成群落在甲板上，任凭你如何驱逐也不肯离去的怪现象。

海洋万花筒

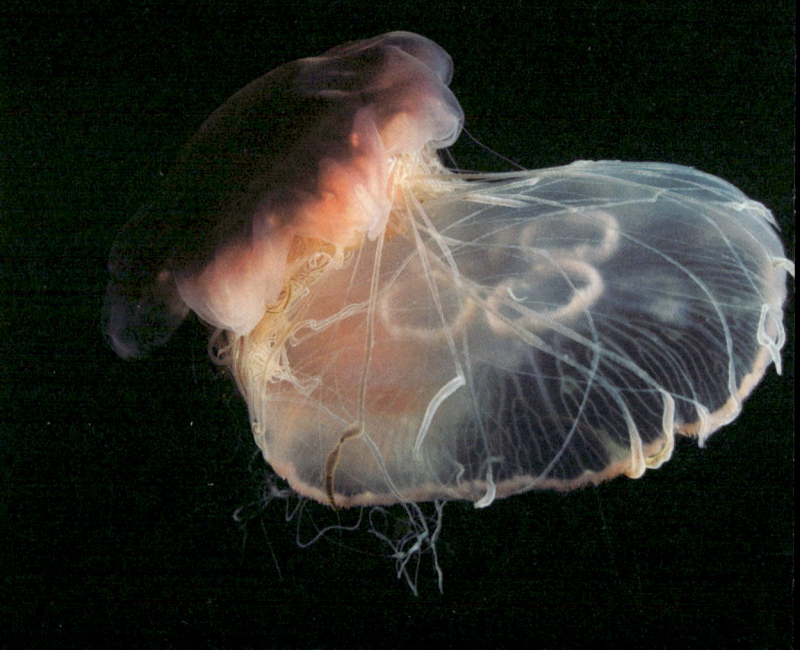

水母是能听到台风与海浪之间产生的次声波的海洋生物之一。频率为8～13赫兹的次声波，冲击着水母"耳"中的很小的听石；听石刺激"球"壁内的神经感受器。这样，水母便隐约可以听到即将来临的台风的怒吼声。于是，水母纷纷离开岸边，游向大海，以免被狂风巨浪拍碎。

> 开动脑筋
> 1. 说说你所知道的台风来临前的征兆。
> 2. 为什么说断虹是台风来临前的征兆？
>
> 参考答案
> 1.略。2.因为断虹是台风低空中的大湿舌前光的折射。

气象传真机

随着科学技术的发展，现代化通信技术进步快速，目前台风的发生、发展和它的移动路径都能较准确地预报出来。普通人是无法看到天气图的，只有气象台的预报员才能看到。20世纪70年代，气象传真机被发明出来，利用它就可以像电视机一样接收到很多气象传真图，可根据不同的需要分别进行选择。

氢气球

渔民还有一种监测台风的经验，即利用氢气球来监测台风。渔民把氢气球（直径约为50厘米）搁在耳朵边听一听，就能知道远处有没有台风，它是否会袭击当地。渔民为什么可以"听"出台风呢？因为大风和巨浪的波峰间的摩擦和冲击，会形成一种频率为每秒8～13赫兹的低频声波，这种声波比风浪的传播速度要快，虽然人的耳朵不能直接听到它，但是氢气球能因低声波发生共鸣，因此产生一种振动。这种振动的振幅和强度会给予靠近氢气球的人们的耳膜一种压力，使耳膜产生一种振动的感觉。台风越近，这种感觉越清晰。根据清晰程度变化，就可以判断台风是逼近了还是远离了。

Part 3 台 风 的 预 防

台风预警与防御指南

随着科学技术的进步，目前台风的发生、发展、移动路径和级别都能够较准确地预报出来。2010年，中国气象局、中央气象台发布新的《中央气象台气象灾害预警发布办法》，将台风预警信号分为红色预警、橙色预警、黄色预警、蓝色预警4个级别。但也有部分省、市根据自己的特点进行分级。

台风蓝色预警

当热带洋面上产生一种强烈的热带气旋时，气象台就会发出台风蓝色预警信号，这是台风预警中的最低一级警报（广东除外）。蓝色预警信号代表24小时内可能受热带低压影响，平均风力可达6级以上，或阵风7级以上；或者已经受热带低压影响，出现6～7级风力，或7～8级阵风。

预防措施

关好门窗，妥善放置好室外物品。老人和小孩留在家中，尽量避免外出，学生停止室外活动，安置在教室内。停止户外作业，不要进入孤立棚屋、岗亭等建筑物，不要在高楼烟囱、电线杆、大树底下躲避台风，还要做好防雷电的准备。

台风黄色预警

台风黄色预警信号是气象部门在台风到来之前做出的预警信号，这是台风预警信号中的第二级别，在广东省为第三级别。台风黄色预警信号提示百姓躲避台风，工商企业也应该做好预防，尽量减少台风带来的损失。台风黄色预警信号代表24小时内可能出现8级以上风力或9级以上阵风；也有可能已经受热带气旋的影响，出现8～9级风力或9～10级阵风并会持续。

防御措施

当台风来临时，老人和小孩要待在家里，这样就能避免被户外的危险伤害。家里的人应该远离窗户，避免被碎玻璃划伤，因为台风造成的破坏，有可能把窗户的玻璃震碎。台风来临时，人们应该把门窗关紧，必要时，也可以给窗户上的玻璃贴上胶带，避免玻璃破碎后洒落在房间里。

Part 3 台风的预防

海洋探秘系列 台风探秘

台风橙色预警

气象部门通过气象监测，做出台风橙色预警信号。这是台风预警信号中的第三级别，强度很大，很可能引发山洪等地质灾害。台风橙色预警代表 12 小时内可能或者已经受热带气旋影响，沿海或者陆地平均风力达 10 级以上，或者阵风 12 级以上并可能持续。居民和商户都要做好躲避、预防措施，尽量减少台风带来的损失。

防御措施

台风橙色预警代表台风强度很大，要停止室内外大型集会、停课、停业；相关水域水上作业和过往船舶应当回港避风，加固港口设施，防止船舶走锚、搁浅和碰撞；加固或者拆除易被风吹动的搭建物，人员应当尽可能地待在防风、安全的地方，即便风力减小或静止一段时间，也要继续留在安全处避风。

台风红色预警

　　气象部门通过气象监测，做出台风红色预警信号。这是台风预警信号中的最高级别，台风红色预警代表6小时内可能或者已经受热带气旋影响，沿海或者陆地平均风力达12级以上，或者阵风达14级以上并可能持续。2020年8月26日18时，中央气象台发布台风红色预警，据监测预报，台风"巴威"将以每小时30千米左右的速度向偏北方向移动，26日晚上强度变化不大，27日早晨强度有所减弱，并将于27日上午在辽宁省庄河市到朝鲜平安北道一带沿海登陆。"巴威"或将成为1949年以来在该区域登陆的最强台风。

防御措施

　　不论老人、小孩，还是青少年，都必须待在家里。除了一些特别的行业外，所有社会活动都必须停止。大人们不能再上班，孩子们也不可以去学校上课。人们在家里时不但要关紧门窗，还必须检查家里的电路、燃气和炉火，看看这些设施是否存在安全隐患。如果发现了安全隐患，一定要及时排除，切不可抱有侥幸心理。

海洋探秘系列 台风探秘

Part 3 台 风 的 预 防

台风白色预警

台风白色预警信号是在全球经常受热带气旋影响的地区发出的风暴即将侵袭的警告信号，用以通知当地居民及民防组织采取适当的防御或撤离措施。这些警告并非单纯重复台风的预测路径及强度，还涉及警告范围内可能遭受的灾害，对于生命、财产安全的保障十分重要。中国在 20 世纪 90 年代后开始采用 1～5 级警告信号，在 2006 年再度更换为台风蓝、黄、橙、红预警信号，而广东省则有白色的预警信号。

防御措施

台风白色警报是我国广东省特有的台风警告机制。遇到这类警报时，学校一般会停课。学生们不要趁着学校停课跑到室外玩耍，更不可以去山里或者河边游玩。台风过境时，一般会带来强烈的暴风雨。就算风雨停息，人们也不能放松警惕，随意到室外活动。这是因为风雨暂时停止不代表台风就过去了。如果台风再来时，人们还在室外活动，或许将造成难以挽回的后果。

美国飓风报警信号

美国常用三角旗、方形旗和灯号系统作为警报信号。当台风侵袭任何区域时，在岸边定点挂起信号。

小风警报信号：白天一面红色三角旗，夜间白灯加红灯。

风暴警报信号：白天一面中心黑色的红色方形旗，夜间两盏红灯。

飓风警报信号：白天两面中心黑色的红色方形旗，夜间两盏红灯之间一盏白灯。

开动脑筋

1. 我国的台风黄色预警信号是几级警报？
2. 我国的台风预警最高级别是什么颜色的预警信号？
3. 台风白色预警信号是我国哪个省独有的台风预警机制？

海洋万花筒

气象台和气象站常常把自己观测到的天气情况绘制成高空天气图、地面天气图和一些辅助类的图。工作人员会用气象传真机和气象传真广播台，把这些天气图和云图传送给世界各地的气象部门。世界气象组织把全世界的气象传真广播台分为6个区域，分别是亚洲、欧洲、非洲、南美洲、北美洲和西南太平洋。

Part 3 台风的预防

及时发布台风警报

　　台风警报是指针对台风天气的一种提醒，根据编号热带气旋的强度、影响时间、程度，分为消息、警报、紧急警报3个级别。台风警报根据已经出现台风的实际情况进行预报。还有另外一部分的预报是气象台分析最新监测到的情况后，提出对这个台风未来的动向和其所影响的地区风向等情况的预报意见。

台风消息

　　台风消息的内容通常包括台风中心位置、强度，中心附近最大风力，移向移速，未来动向和对我国有无影响等。它是指当台风距预报警报责任区较远或海上转向和登陆减弱时，由有关气象台站对用户公众发出的台风信息。在以下3种情况下会发布台风消息：（1）预计台风在未来48小时以后可能影响我国（或本省、自治区、直辖市）沿海。（2）预计台风在海上转向，对我国（或本省、自治区、直辖市）影响减小。（3）当台风在我国（或本省、自治区、直辖市）沿海登陆后强度逐渐减弱。

台风警报第一部分

　　台风警报的基本内容包括两部分。第一部分是报告已经出现的台风的实际情况，对台风的位置、移动方向、中心附近最大风力、东、西半圆的范围进行预报。

台风警报第二部分

　　台风警报的第二部分内容是指气象台分析了最新监测到的情况后，提出对台风未来的动向和其所影响地区未来风向情况的预报意见。

Part 3 台 风 的 预 防

台风紧急警报

国家气象局通过一定的科学技术，提前发现海面上存在的潜在风险，并且及时提醒处在危险地区的人们采取有效的防御手段。如果台风在未来 24 小时内，将对我国沿海有重要影响并且来袭的台风有 10 级以上，就会发布最高一级的"台风紧急警报"，用来强调台风影响的严重性，并且详细说明台风的情况，以便让人们清晰地认识到即将到来的台风。

警报发布解除

台风警报的解除以中央气象台的名义来发布。各级台风预警信号由国家气象中心制作，发布原则有以下几点：（1）蓝色、黄色气象台风预警信号预警由各制作单位值班首席预报员直接签发（或解除）。（2）橙色气象台风预警信号预警由各制作单位值班首席预报员提出建议，经单位值班领导审核后签发（或解除）。（3）红色气象台风预警信号预警由各制作单位首席预报员提出建议，经单位主任审核后签发（或解除）。

暴雨预警信号

　　暴雨预警信号是气象部门通过气象监测在暴雨到来之前做出的预警信号。发布暴雨预警信号有助于提高预警能力，减少财产损失和人员伤亡等。暴雨预警信号分4级，分别以蓝色、黄色、橙色、红色表示。红色是暴雨预警信号的最高级别，表示在刚过去的3小时内本地部分地区降雨量已达100毫米以上，且雨势可能持续。香港特别行政区的暴雨预警信号分3级（黄色、红色、黑色），黑色为最高级。澳门特别行政区只有暴雨警告信号。

海洋万花筒

　　国务院气象主管机构负责全国预警信号发布、解除与传播的管理工作。地方各级气象主管机构负责本行政区域内预警信号发布、解除与传播的管理工作。其他有关部门按照职责配合气象主管机构做好预警信号发布与传播的有关工作。

海洋探秘系列 台风探秘

Part 3 台风的预防

"莫拉克"台风警报

　　2009年8月7日，台风"莫拉克"的中心移到宁波市偏南方向大约710千米的洋面上。当时，该台风近中心最大风力13级，中心气压960百帕。7级大风范围半径450千米，10级大风范围半径100千米。气象部门预计，该台风中心将以每小时15千米左右的速度，向西北偏西方向移动，在我国台湾地区中北部登陆后，将穿过我国台湾地区，并逐渐转向西北方向移动，于7日夜里到8日上午在福建北部到浙江南部沿海地区再次登陆。

海洋万花筒

　　台风对内地城市的好处是可以缓解旱情，带来充沛的降水。充足的降水量有助于水力发电，通过能量转换，更好地为人们服务。只有通过对台风的准确预警，使台风转变成对人们的利大于弊，才是台风登陆的理想情形。

"玛莉亚"超强台风警报

2018年7月10日17时，超强台风"玛莉亚"进入浙江24小时警戒线。当天"玛莉亚"位于福建霞浦东偏南方向约520千米的西北太平洋洋面上，中心附近最大风力为15级，中心最低气压为940百帕。预计"玛莉亚"将以每小时30千米左右的速度向西偏北方向移动，11日上午在福建福清到浙江苍南之间沿海登陆，登陆后继续向西北方向移动，强度逐渐减弱。受"玛莉亚"的影响，浙中南沿海海面11日傍晚起风力逐渐增强到9～11级，并继续增强到12～15级。杭州湾和浙北沿海海面也有8～10级大风。浙江东南沿海地区11日夜里起风力逐渐增强到9～12级，其他地区12日也有7～9级大风。夜里到12日，东南沿海和浙南地区有暴雨，部分地区有大暴雨，局地有特大暴雨。

开动脑筋

1. 台风消息的主要内容是什么？
2. 台风紧急警报在什么情况下才会发布？

海洋万花筒

狂风暴雨天气下，开车出门前一定要检查雨刮器、刹车、灯光等是否完好。雨天路滑且视线不好，新手最好不要开车出门。狂风中行车要注意行人的动向，特别是那些用东西包头走路或快速行走的人。遇到暴雨时，能见度很低，仅凭雨刮器不能保证安全，一定要打开灯光，包括大灯和双闪灯。大灯可以提醒对向行驶的车辆，双闪灯则可以提示后方车辆。

Part 3 台风的预防

社会防范措施

台风在沿海城市比较常见，它是一种有危害性的自然现象。在台风来临前，要做好相关的防范措施。社会公众要树立防范台风的意识，遵守防范台风纪律，服从指挥。即便台风警报解除了，也要关注"暴雨预警"等信息，防止次生灾害发生。

渔港码头防范措施

收到台风蓝色预警信息后，应该检查和加固港区设备、动力、电源及线路、照明、仓库、交通设施、露天物资、宣传标牌等。降低或固定起吊设备，切断室外危险电源。收到台风黄色预警信息后，应固定港内船只，防止船只因台风而遭到破坏。加固或者拆除已被风吹动的搭建物，停止室外作业，人员尽量不要随意外出，确保人身安全。收到台风橙色预警信息后，应加强港内检查，关闭挡潮阀，封闭港口，停工停产，确保人员转移到安全区域。另外，要注意防范风暴潮带来的其他灾害。

渔船防范措施

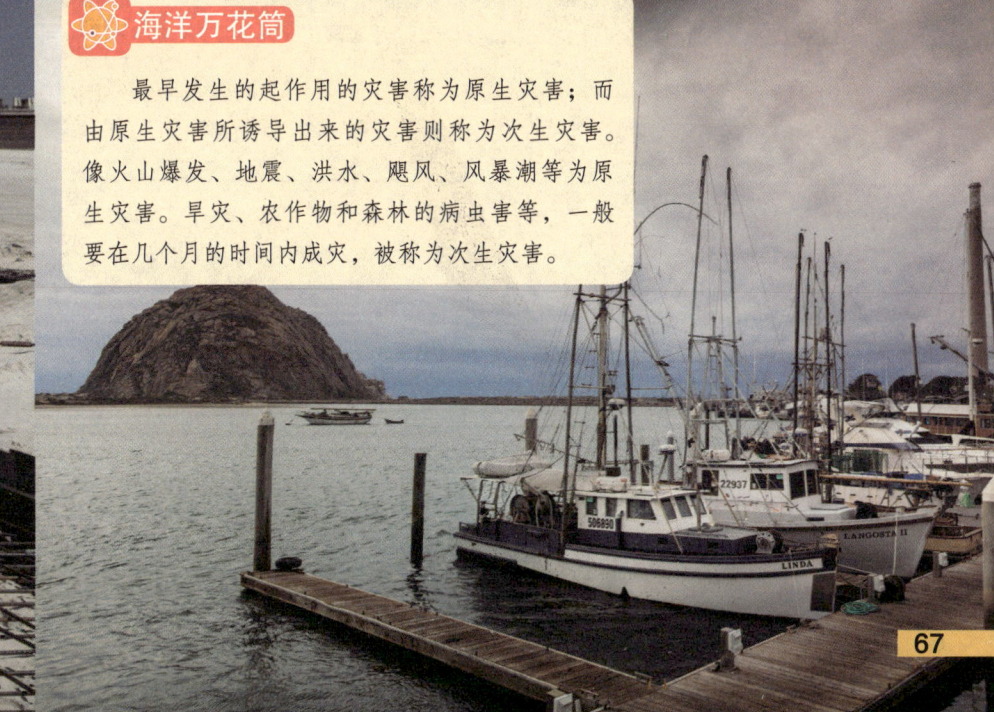

　　台风来临前，出海的船只应该听从指挥，停止海上作业，及时回港避风。如果海上渔船遇险，应立即发出求救信号，将出事时间、地点、海面情况等详细信息汇报给有关部门，并采取一切有效措施自救。如果船只在避风港内，应服从港区调度，固定船只，及时采用增添缆绳、加强锚固等措施。船上人员全部上岸，确有留守必要的，应及时将有关预案向有关部门备案。紧急情况下，对无动力船只采取船身挖洞、开启海底阀自沉等措施，避免船只在强风作用下失去控制。

海洋万花筒

　　最早发生的起作用的灾害称为原生灾害；而由原生灾害所诱导出来的灾害则称为次生灾害。像火山爆发、地震、洪水、飓风、风暴潮等为原生灾害。旱灾、农作物和森林的病虫害等，一般要在几个月的时间内成灾，被称为次生灾害。

Part 3 台风的预防

海洋探秘系列 台风探秘

公园防范措施

收到台风蓝色预警信息后，公园要对园区的建筑物、游乐设施、指示标牌等采取加固、捆绑等保护措施，避免这些物品、设施倒塌伤人。对公园内的动物笼舍进行全面检查，排除潜在风险。收到台风黄色预警信息后，要停止公园内一切游乐活动，固定游船，动物进笼。公园内人员也要做好转移准备。收到台风橙色预警信息后，公园内所有人员都要转移到安全区域，确保人员的人身安全。

旅游景点防范措施

旅游景点在台风来临前，要对景区所有可移动物体，如缆道、照明线路、商业网点等，进行全面的检查及必要的加固措施。还要划定安全区域、危险区域及禁游区域，并且设立显著的标志告知。台风蓝色预警：停止一切高空项目及观光活动；台风黄色预警：停止景区中水上娱乐活动，游乐设施岸上加固；台风橙色预警：景点应当停止营业，人员全部转移。同时，注意防范降雨带来的山洪和地质灾害。

学校防范措施

　　学校应对台风来临时的防范措施，需要学校领导小组成员到位，安排领导小组成员轮流在校值班，值班人员应当不断地在校园内巡视，若发现险情，立即向学校领导报告。收到台风蓝色预警信息后，停止露天集体活动，加固门窗、宣传牌等易动物体，切断室外电源。收到台风黄色预警信息后，停止室内外大型聚会，师生不得随意外出，确保停留在安全区。收到橙色预警信息后，学校要停课，确保留校师生留在安全区域，不得随意外出。

建筑工地防范措施

　　收到台风蓝色预警信息后，建筑工地应该建立防台风抢险组织，落实防台风责任和工作制度、编制防台风预案，成立抢险应急队伍。对各类脚手架、塔吊、施工电梯、桩机等施工设备进行彻底检查和加固，特别是石棉瓦工棚的加固。疏通工地排水通道，备足抽、排水设备。收到台风黄色预警信息后，停止室外高空施工作业，做好水泥等易潮湿物品的转移防水工作，切断室外电源，安排人员转移。

海洋探秘系列 台风探秘

Part 3 台风的预防

室外活动防范措施

收到台风蓝色预警信息后,举办室外活动的企事业单位或商家,应该加固门窗、围板、棚架、广告牌等易被吹动的搭建物,必要时予以拆除。停止露天集体活动、停止高空等户外危险作业,切断危险室外电源。收到台风黄色预警信息后,要停止室内外大型聚会,加强检查力度,及早排除隐患,确保台风防范措施落实到位。收到台风橙色预警信息后,要停止聚会,必要时可以停业,人员转移到安全区域。

海洋万花筒

就台风而言,房屋、桥梁以及山体等在台风中受到洪水长时间的冲刷、浸泡,虽然当时没有发生坍塌,待台风、洪水退去后,由于上述原因而出现了房屋、桥梁坍塌现象或者发生山体滑坡、泥石流等,这就是次生灾害。

地下公共设施防范措施

收到台风蓝色预警信息后，地下公共设施管理部门应对地下公共设施内消防、动力、照明、通信、排水系统等设施设备进行全面检查，尤其是排水设备应保持通畅。排水或挡水器材要准备充足，提早做好排水和挡水的准备。收到台风黄色预警信息后，要切断电源，根据情况开启必要的排水和挡水设备。若预报中有强降雨的情况，有可能威胁到地下空间安全时，应及时将地下空间中的贵重物品、车辆转移至安全区域。收到台风橙色预警信息后，要禁止外来人员进入，再度加强地下的公共设施安全。

工矿的防范措施

工矿企业法人对本企业的防台风工作负总责。按照相关的防台风防汛条例，制定相应的预案，建立组织机构、明确工作职责、成立抢险队伍、储备物资与器材。收到台风蓝色预警信息后，工矿企业要部署防台风工作，对厂房、设备、动力、电源线路、排水设施、仓库等进行全面的检查及加固。有毒有害的物质应放在安全区域，做好防泄漏的工作。切断室外危险电源。收到台风黄色预警信息后，停止一切室外作业，加固或拆除易动物体，人员不得随意外出，做好转移准备工作。收到台风橙色预警信息后，必须停工停产，确保人员全部转移到安全区域。同时，也要防止台风引发的山洪等自然灾害。

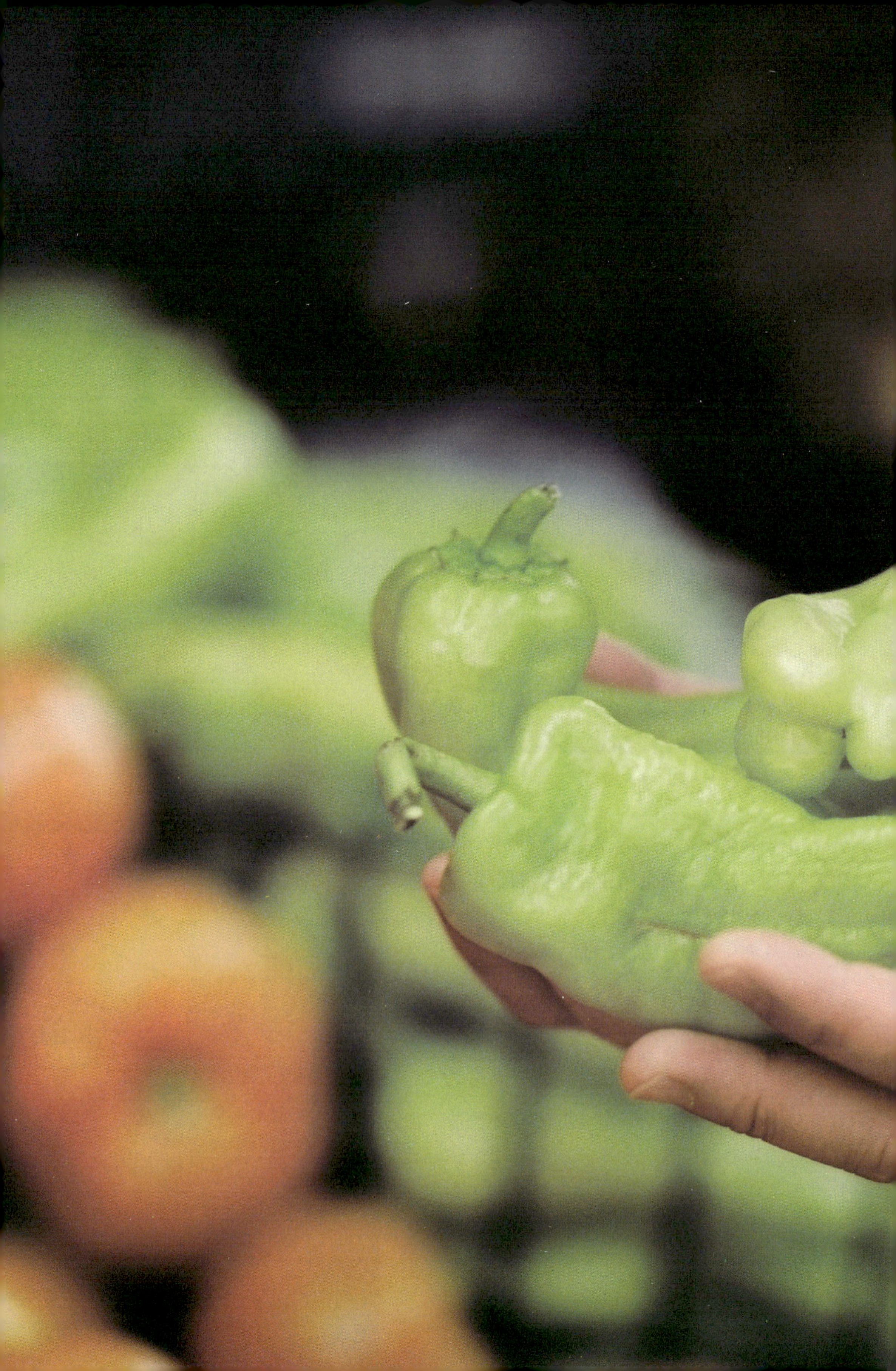

Part 4
台风来了怎么办

人们在面对台风时，充分和积极的防范措施会使损失降至最低。在台风多发的季节，要储备生活必需品，要防范可能出现的停水、停电情况，还要远离危险地段，预防传染病等疾病的发生……

海洋探秘系列 台风探秘

Part 4 台风来了怎么办

台风到来时的居家防范

台风每年都会出现，它是一种自然现象，会给人们带来许多生活上的不便，也会对人身财产安全造成损失。只有在台风来袭前做好防范措施，提高安全意识，才能在台风过后，很快恢复正常生活。居家防范台风时，要根据自己的实际情况，按照台风预警信息，制定相应的防范措施，保障人身财产安全。

居家时的台风防范

台风来临前，要及时关注台风警报信息，按照不同级别的台风警报，做好防范措施。注意将楼房阳台中的可移动物体搬进室内，外墙空调外机也收入室内，并将所有可移动的物体进行加固，确保其安全。尽量不要外出，即便风平浪静了，也要等待台风警报解除后，再恢复日常生活。因为暂时的平静有可能是处于台风的风眼之中。要以气象部门的台风信息为准，不要自我主观判断台风是否消失了。

储备生活必需品

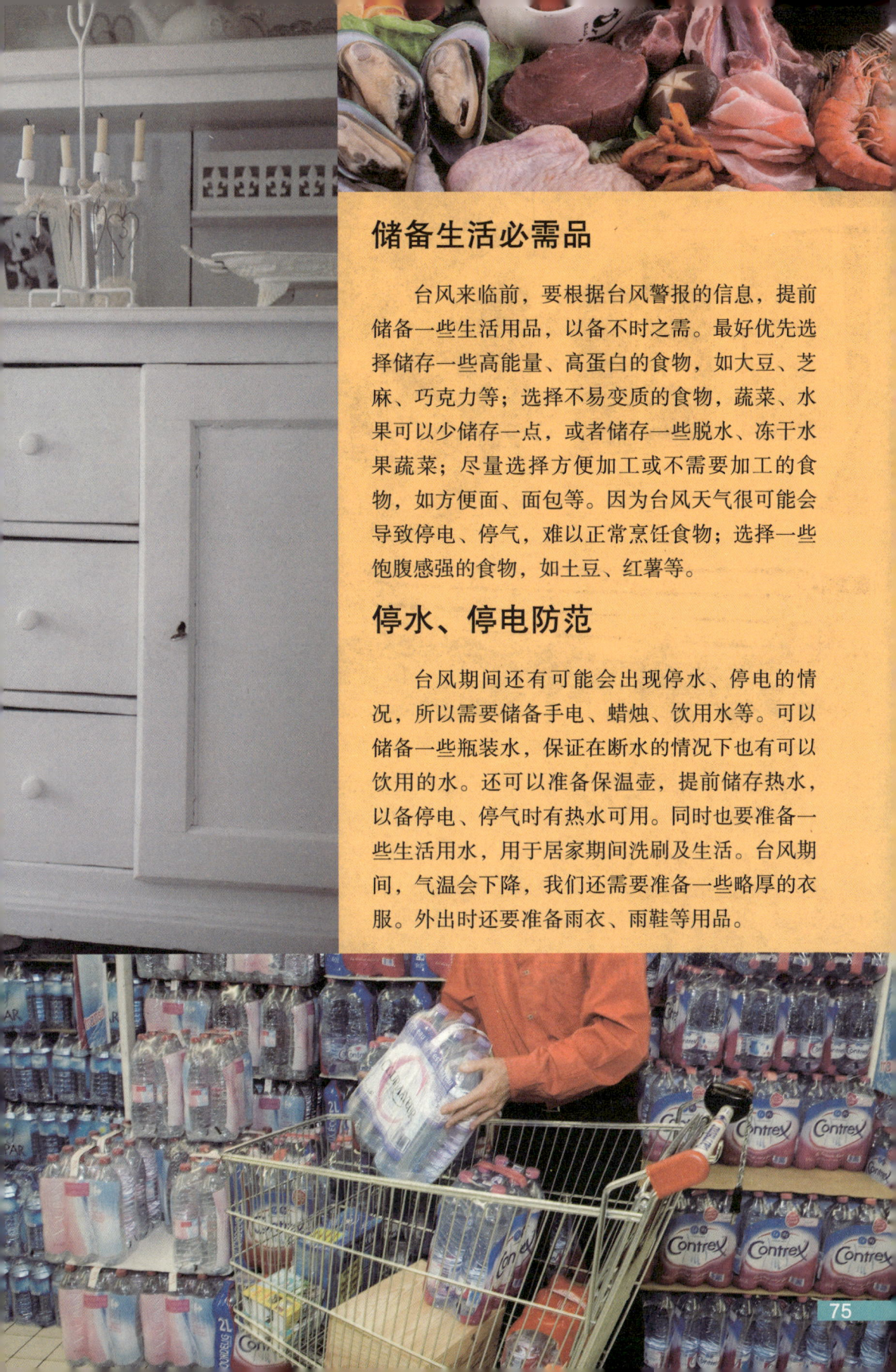

台风来临前,要根据台风警报的信息,提前储备一些生活用品,以备不时之需。最好优先选择储存一些高能量、高蛋白的食物,如大豆、芝麻、巧克力等;选择不易变质的食物,蔬菜、水果可以少储存一点,或者储存一些脱水、冻干水果蔬菜;尽量选择方便加工或不需要加工的食物,如方便面、面包等。因为台风天气很可能会导致停电、停气,难以正常烹饪食物;选择一些饱腹感强的食物,如土豆、红薯等。

停水、停电防范

台风期间还有可能会出现停水、停电的情况,所以需要储备手电、蜡烛、饮用水等。可以储备一些瓶装水,保证在断水的情况下也有可以饮用的水。还可以准备保温壶,提前储存热水,以备停电、停气时有热水可用。同时也要准备一些生活用水,用于居家期间洗刷及生活。台风期间,气温会下降,我们还需要准备一些略厚的衣服。外出时还要准备雨衣、雨鞋等用品。

Part 4 台风来了怎么办

乡村居家的防范

　　居住在乡村的人们，在台风来临前要及时收听气象台发布的台风警报，根据台风警报级别，做好相应的台风防范措施。要提前检查农田、鱼塘的排水系统，做好适当的调整，抢收成熟的水稻、瓜果等农作物，对未成熟的农作物要采取保护措施，对易倒作物进行防护。要做好危房的加固和危房居民转移安置的准备工作。

地势低洼区域的居家防范

　　地势低洼的居民区，除了要做好以上各种防范措施外，还要注意台风带来的雨水天气。由于台风期间的雨水天气会持续很长时间，低洼地区的积水不会很快排出，所以在暴雨来临前，要检查自己家的排水管道，有问题的要及早疏通。住在一楼的家庭和临街的店铺，一定要提前把电器、怕水的货物转移到安全地方，避免出现意外的人身安全及财物损失。

危险地段的防范

居住在低洼、山坡边等危险地段的人们，要根据台风警报的级别，在当地有关部门的指导下进行有序撤离，确保生命安全。切断低洼地区带有危险的室外电源，注意水库、山塘水位的变化情况。如果处于山区地段，要预防可能出现的山洪、泥石流等意外灾害，尽量避开可能出现的危险情况，要准备好与外界的通信联系器材，万一出现危险时，能够及时与救援人员通信，等待救援。

临时的避险防范

如果在台风期间临时躲避风雨，要注意避开容易出现危险的设施和物体，如危房、工棚、电线杆、树木、广告牌等，也不要在玻璃门窗前逗留，要特别注意落下物或飞来物，以免砸伤。经过狭窄的桥或高处时，最好伏下身爬行，否则极易被刮倒或落水。在周边楼房密集的马路上，此时很可能有花盆、玻璃、广告牌突然坠落，行走时要特别注意高处的动静。

Part 4 台风来了怎么办

临时出行防范

　　台风期间，如果必须外出行走，应弯腰将身体紧缩成一团，一定要穿上轻便防水的鞋子和颜色鲜艳、紧身合体的衣裤，把衣服扣扣好或用带子扎紧，以减少受风面积，并且要穿好雨衣，戴好雨帽，系紧帽带，或者戴上头盔。如果骑行，不要一边骑车一边打伞，因为伞会受到大风的阻力，还会遮挡视线，容易出现事故。最好穿上雨衣，但是穿雨衣骑车时一定要把雨衣的前摆用夹子固定在车筐上，这样一来，就不会被风吹起来挡住脸，可以减少意外的发生。

海洋万花筒

　　台风会带来雷雨天气，这时要注意防范雷电。要避开铁塔，躲避暴风雨的同时也要注意防雷击，不宜靠近铁塔、变压器、吊机、金属棚、铁栅栏、金属晒衣架，不要在大树底下以及铁路轨道附近停留。如果遇到危险，要及时拨打当地政府的防灾电话求救。

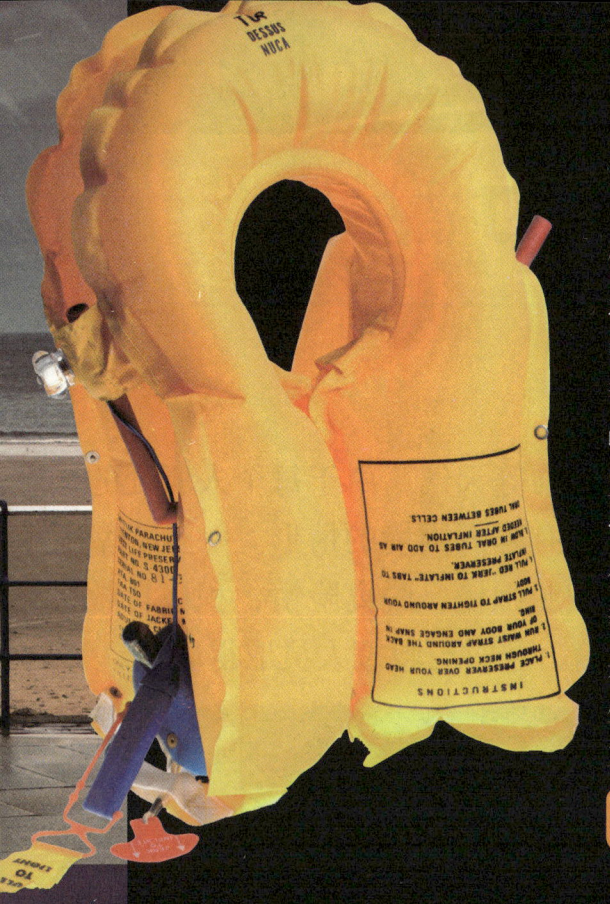

内涝的防范

　　台风期间，暴雨经常持续数日，要做好内涝防范措施。关于内涝防范应急用品，需要准备收音机、哨子、手电筒、救生衣和救生圈。收音机可以帮助我们接收天气、洪涝预警信息，收音机大都使用电池，不需要接通家里的交流电源，在抵御洪涝灾害时非常有用；哨子是我们求救的工具，十分有必要，一定要准备；手电筒可以帮助我们在晚上的时候安全撤离，也是重要的求救工具，必不可少；救生衣和救生圈是我们防止溺水的保护工具。

开动脑筋

　　1. 台风来临前，为什么要储存食物？
　　2. 台风来临时，为什么不能在电线杆、大树下躲避风雨？

海洋万花筒

　　如果在野外遇到台风，应迅速到小屋或洞穴避难，若无此场所时，可以选择没有土崩或洪水袭击危险的地方，如高地、岩石下或森林中均是较安全的避难场所。若必须继续前进时，也要弯下身体且不可贸然淋雨，因为受潮的衣服会夺走体温，造成体温失衡。遇强风时，尽量趴在地面往林木丛生处逃生，不可躲在枯树下。

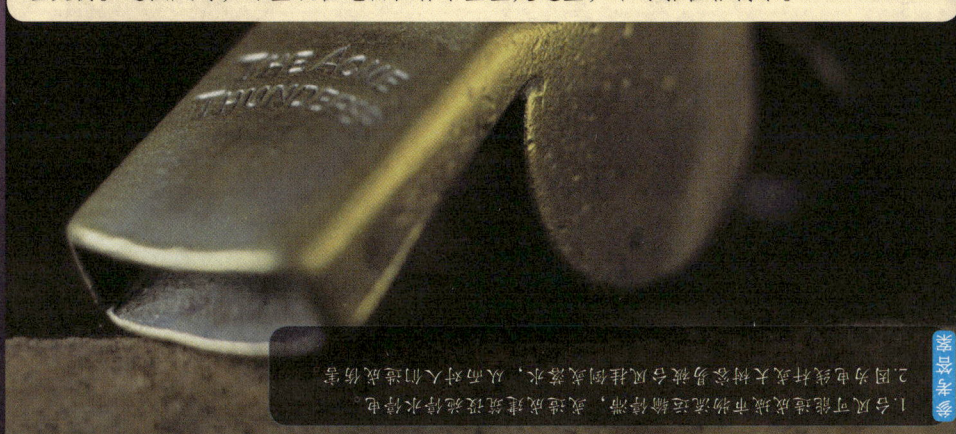

Part 4 台风来了怎么办

台风困境中如何脱险

台风期间，会出现狂风暴雨等天气。由于每个人所处的环境和情况不同，难以避免会有陷入困境的情形。一旦不幸陷入困境，要用科学的办法摆脱困境，脱离险情，积极自救或等待救援。要尽量保持通信，及时与救援人员取得联系。

陷入洪水困境

台风期间会带来狂风暴雨，这有可能引发洪水，如果不幸陷入洪水困境，要积极采取自救措施。在洪水到来时，应迅速向山坡、高地、楼房、避洪台等地转移，或者立即爬上屋顶、楼房高层、大树、高墙等高的地方暂避。千万不可攀爬带电的电线杆、铁塔，也不要爬到泥坯房的屋顶。如果被洪水围困了，要观察洪水的涨势，在洪水没有迅速上涨的情况下，待在原地联系救援比较合适，如果没有通信工具，应该找到比较明显的物品，用来发出求救信号。

台风中被困"孤岛"

　　台风期间，如果被困在高地、山坡、围堰、坝坎上或楼顶等"孤岛"时，要观察水势上涨的情况，评估自己所处的位置是否有浸泡坍毁、冲垮的危险，再决定是否应该向更加安全的地带转移。在必须转移位置时，应该准备绳索，也可以寻找床单、衣物等做成绳索，并固定在坚固处，利用绳索成功转移。

"孤岛"上发送求救信号

　　当台风期间不慎受困"孤岛"时，要积极寻求救援，如果发现救援的船、飞机时，应挥动色彩鲜艳的物品；如果等不到救援人员，要扎制木排等逃生用品。利用通信设施联系救援。白天，可利用眼镜片、镜子在阳光的照射下反光发出求救信号。夜晚，利用手电筒及火光发出求救信号。

Part 4 台风来了怎么办

台风期间不慎落水

台风期间如果不慎掉入水里，要屏气并捏住鼻子，避免呛水，试试能否站起来。如果水太深，站不起来，又不能迅速游到岸上，就踩水助游。抓住身边漂浮的任何物体。如果不会游泳，千万不要慌乱，要面朝上，头向后仰，双脚交替向下踩水，手掌拍击水面，让嘴露出水面，呼出气后立刻使劲吸气。迅速观察四周是否有露出水面的固定物体，并向其靠拢。

奇闻逸事

2004年12月，海南省40多艘渔船共计1100多名渔民在附近海域长时间避风，淡水和粮食几乎消耗殆尽，渔船请求紧急拖带救助。交通部海上搜救中心接到求救信号后，南海救助局迅速派出远洋救助船"南海救159"号出海施救。"南海救159"号满载200多吨淡水和部分粮食蔬菜，到达东沙海域，迅速组织给渔船补充淡水和给养，并将身体受到严重伤害的渔民安置到救助船上，使渔民安全获救。

被大风卷入海里了

　　台风期间如果意外被大风卷入海里了,最重要的是保持镇定,落水前深吸一口气,下沉时咬紧牙关,让自然的浮力使你浮上水面,然后借助波浪冲力不断蹬腿,尽量浮在浪头上趁势前冲,奋力游向岸边。应注意观察水面情况,拼命抓住身边任何漂浮的木头、家具等物品。浪头到时挺直身体,抬头,下巴前挺,确保嘴露在水面上,双臂前伸或往后平放,身体保持冲浪状态。在大浪接近时也可以弯腰潜入海底,用手插在沙层中稳住身体,待海浪涌过后再露出水面。

自制逃生漂浮筏

　　在获得救援前,可以搜集木盆、木制家具、木块、漂浮材料并用绳子捆绑在一起,加工成救生设备。如果找到床单、窗帘、衣物等,可以撕成条,将泡沫板、木板等面积较小的漂浮筏,采用打背包的方法捆扎起来,以增加浮力。如果发现散开的秸秆、树枝、竹竿、木杆等,可以采用编席的方法串联起来,制成排筏。

海洋探秘系列 台风探秘

Part 4 台风来了怎么办

在海上躲避不及怎么办

　　船只在海上航行遭遇台风，万一躲避不及的时候，要及时与岸上有关部门联系，争取救援。有条件时在船舶上配备信标机、无线电通信机、卫星电话等现代设备。在没有无线电通信设备的时候，当发现过往船舶或飞机，或与陆地较近时，可以利用物件及时发出易被察觉的求救信号，如堆"SOS"字样，放烟火，发出光信号、声信号，摇动色彩鲜艳的物品等。

海洋万花筒

　　台风信号解除，并不意味着可以放松警惕，而要持续关注相关交通、安全信息。人在室外时要坚持收听电台广播、收看电视，当撤离的地区被宣布安全时，才可以返回该地区；如果遇到路障或被洪水淹没的道路，切记绕道而行。避免走不坚固的桥，不要开车进入洪水暴涨区域，以免出现意外状况。

危险堤塘迅速转移

台风来临时，在沿海地区从事塘外养殖和处于危险堤塘内的人，要迅速转移到安全地带。因为台风会引发风暴潮，容易冲毁江塘堤防、码头、护岸等设施，甚至会冲走附近没有撤离的人，造成人员伤亡。在近岸活动的人一定要注意收听台风警报，听从指挥，及早撤离危险区域。

海洋万花筒

台风带来的雷雨天气会导致出现被雷击的危险，有些人的防雷观念陈旧，认为有避雷针就可以避免雷电灾害，实际上，许多建筑物虽有防御直击雷的设备，但是没有防御感应雷的，因此弱电设备遭雷击损失严重。切勿站在山顶上或接近导电性高的物体，也不要接触天线、水龙头、铁丝网和其他类似金属装置。树木或桅杆容易被闪电击中，应尽量远离。

开动脑筋

1. 台风来袭期间，如果被困在"孤岛"怎么办？
2. 台风来袭的时候，在堤塘内活动的人应该怎么办？
3. 怎样自制逃生漂浮筏？

海洋探秘系列 台风探秘
Part 4 台风来了怎么办

台风过后应注意什么

台风过后，人们又恢复到了日常的工作和生活节奏中。但是由台风引起的农田受灾、食物被淹、大量积水导致出行困难等问题都需要解决。面对这些问题，我们应该采取科学、合理的方式去处理，切不可轻视怠忽，应避免出现次生灾难。

清运垃圾

台风过后，生活环境遭到了破坏，街道两旁到处都是落叶、淤泥、生活垃圾，很容易滋生各种疫病，应该第一时间对垃圾进行清理。进行环境清理时，要做到水退到哪里，环境清理跟到哪里。要因地制宜、有针对性地开展环境清理工作，避免应付了事。清理时，请务必戴上橡胶手套，穿上防护胶鞋。对受淹农贸市场、畜禽养殖场、临时垃圾堆放场、公共厕所等重点场所进行全面清理及消毒工作。

台风过后的消毒预防

台风过后,要做好室内外卫生清理,如果台风期间家里进过水,应该及时清扫,擦拭被浸泡过的家具,泡了水的餐具应该洗净,煮沸、消毒 15 分钟左右。在做好室内外卫生清理的前提下,不必开展消毒工作。无集中式供水、积水处可见明显漂浮污物或水淹时间超过 3 天以上,可有针对性地开展不同对象的消毒工作。同时,生活中也要注意干净、卫生,居家时要选用清洁、安全的水源,不喝生水,尽量喝开水或瓶装矿泉水。

被水淹过的食物

台风期间,如果家里的大米、蔬菜被水淹了,这些食物都要处理掉,不能再吃了。台风带来的被暴雨浸泡过的水产品,淹死或死因不明的家禽、家畜,都不可再食用。也不要吃来源不明、腐败变质或包装破损的食品,被水淹过或未洗净的瓜果也不能吃,尽量不要吃凉拌菜,食物要煮熟再食用。

海洋探秘系列 台风探秘

Part 4 台风来了怎么办

冰箱断电的烦恼

台风期间会出现停水、停电的情况，冰箱断电了，但是冰箱里存放了几天的食物好像并没有坏，需要扔掉它们吗？由于台风来临，持续多日的停水、停电，家里储备的大量食物及饮用水极易腐烂、变质，冰箱里的冷冻肉类则面临解冻，这时不要用品尝的方式来判断食物是否变质，因为食物的外表或气味不足以确认它们是否变质。饭菜应该现做现吃，尽量不存放熟食。烹调方法以煮、蒸等彻底加热的方法为主，尽可能不加工和食用冷荤类食品。

蚊子都跑出来了

台风过后，感觉家里蚊虫忽然多了很多，这个时候要及时清理环境，这是防蚊灭蚊最重要的手段。要注意将室内的水生植物经常换水清洗和倾倒花盆底部积水。彻底清理室内外的垃圾杂物，特别是房前屋后的废旧轮胎、啤酒瓶、塑料盒、水缸、水桶、闲置器皿等易积水的容器，减少伊蚊幼虫的繁殖场所。同时，还要疏通沟渠和下水管道，平洼填坑。做好这些清理工作，蚊虫很快就会销声匿迹了。

保持室内空气流通

台风过后，要及时清扫被洪水浸泡过的房屋，清洗被浸泡过的家具，在天气允许的情况下，可选择将清洗过的家具物品放在太阳下晒一晒。同时，积极配合相关防疫人员做好消、杀、灭的工作。家里的潮湿物品也要挪开，避免出现发霉的问题，如果处理不及时，家里的湿地毯、家具、床上用品，以及其他任何容易吸收潮气和水分的物体，都会在24～48小时内滋生霉菌。还要多开门、开窗、换气，保持室内空气流通，避免出现呼吸道传染病。

涉水要防细菌感染

台风过后，涉水出门要特别当心，由于有些地区积水不退，许多人爱穿拖鞋出门。但是，污水里夹杂着许多病菌，地面还散布着许多尖锐杂物，容易割伤脚，造成细菌感染。所以，外出时千万别赤脚接触积水，最好穿胶鞋等包覆性较好的鞋子。如果皮肤有红疹、水泡等症状，尽量不要涉水，如果已经涉水了，应该及时洗净，否则很容易导致伤口感染。

Part 4 台风来了怎么办

海洋探秘系列　台风探秘

出行避开潜在危险

台风过后，风雨很可能还会持续一段时间，选择开车出行时要注意降低车速，停车时要远离树木，因为树木在大风天气最为脆弱，如遇已经倒下的树木挡住路面而无法通行，要及时掉头更改路线。恶劣天气驾驶汽车时一定要避开山路，因为这样的天气常常会引发山体滑坡和泥石流等次生灾害，还容易造成落石，加上山路的弯道也多，更容易发生交通事故，救援也难以进行。

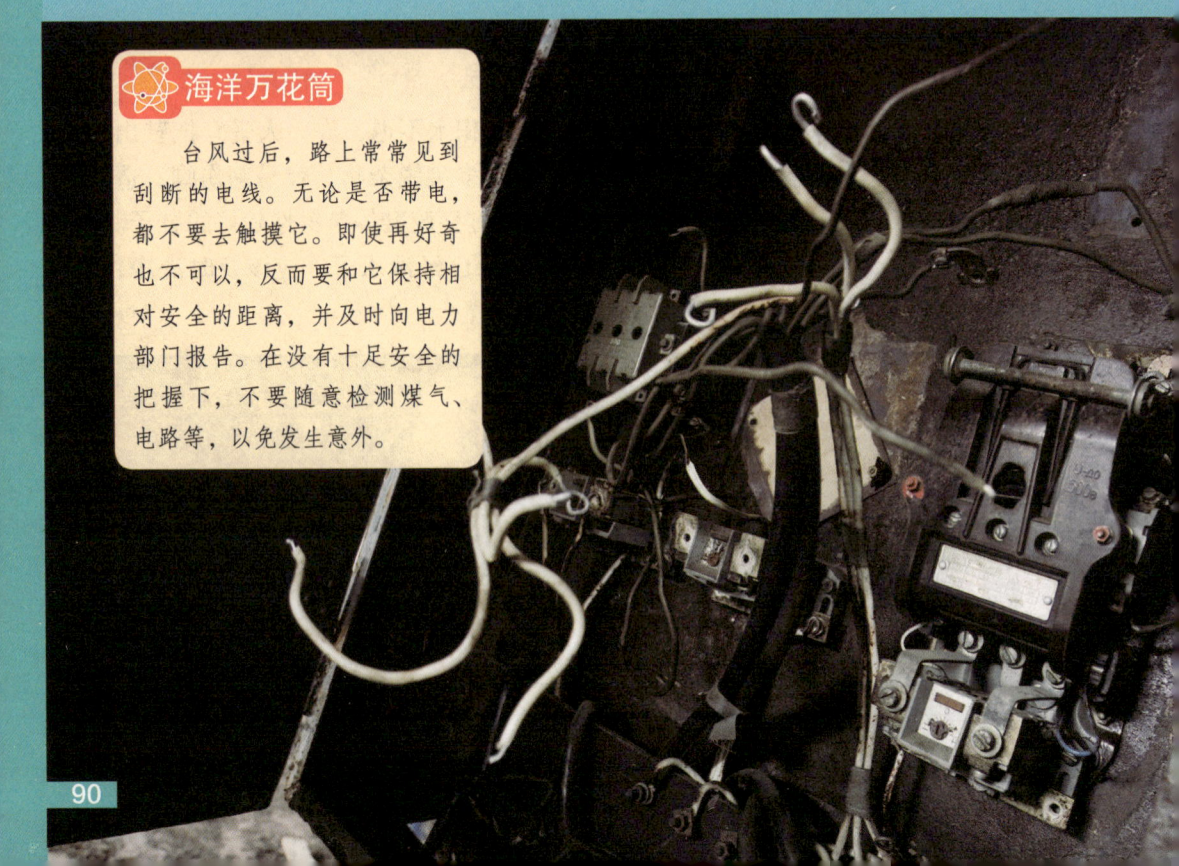

海洋万花筒

台风过后，路上常常见到刮断的电线。无论是否带电，都不要去触摸它。即使再好奇也不可以，反而要和它保持相对安全的距离，并及时向电力部门报告。在没有十足安全的把握下，不要随意检测煤气、电路等，以免发生意外。

避开危险下水道

台风过后，下水道里水满为患，特别是过积水区的时候，要小心谨慎，多注意水面的变化，看到呈小型漩涡状的水面后不要靠近，并保持安全距离。台风过后，受灾严重的不只有人类，还有许多小动物也会劫后余生，纷纷从下水道、花坛、废旧轮胎等隐蔽处爬出来，这些小动物没有经过卫生清理，它们或许携带虫媒传染病，如登革热等，所以应尽量避免接触下水道涌出来的积水，做好防疫措施，保护自身健康与安全。

谨慎处理外伤

台风期间，雨水充沛，会把阴沟里的污水冲到路面上，细菌就随这些污水四处蔓延。如果身体受了外伤，伤口容易得破伤风，或者是伤口感染，所以要及时消毒、包扎。因为破伤风杆菌平时都是老实待在泥土和粪便里，雨天就会随着污水流到路面上。它们无法侵入正常的皮肤和黏膜。只有在破溃的皮肤上，它们才有机可乘。破伤风杆菌钻进皮肤内，在没有氧气的地方会迅速繁殖，产生病毒、破坏神经。

开动脑筋

1. 台风过后，怎样防蚊灭蚊？
2. 台风过后，为什么要开窗换气，保持室内空气流通？

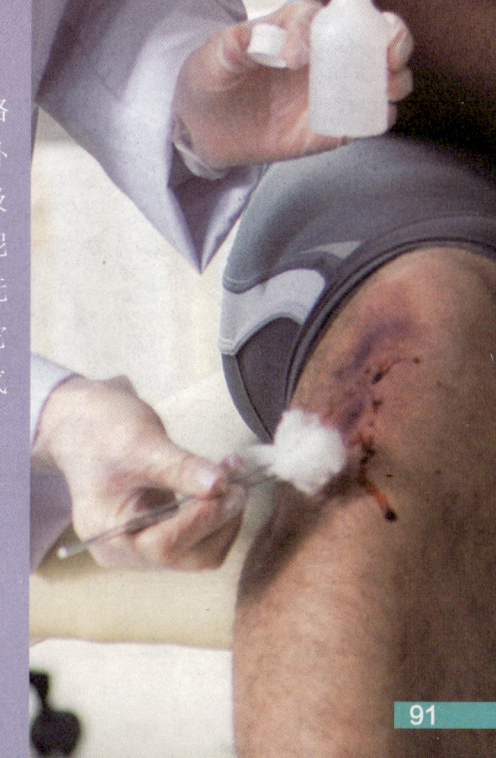

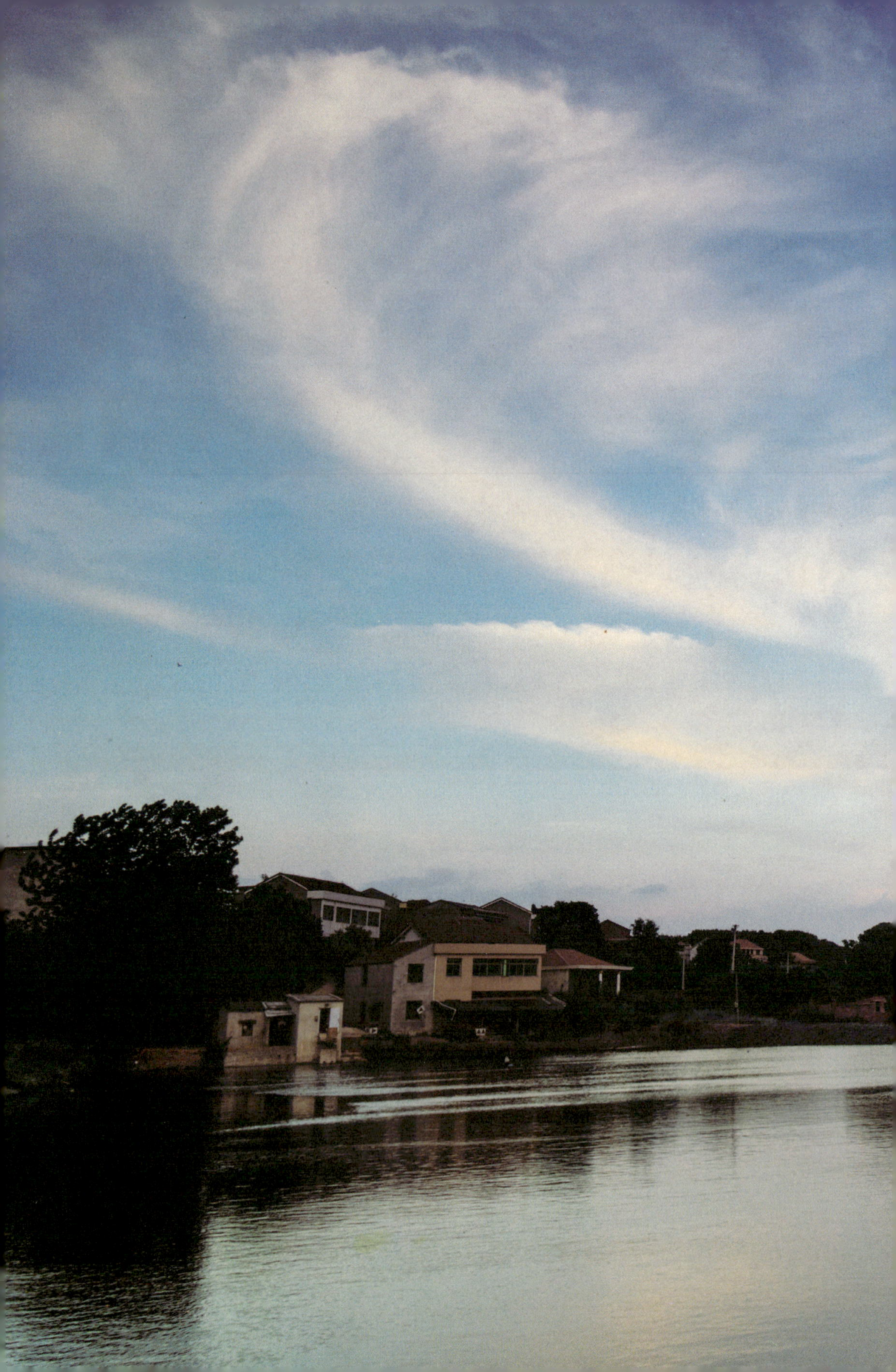

Part 5
台风趣闻知识

在经历过无数次台风灾难后，人们发现台风也有有趣的一面，有些台风影响巨大，让人印象深刻，也有些台风甚至惨遭除名。人们甚至创造出台风谚语，用来形容台风的各种形态，如"一斗东风三斗雨""六月北风，水浸鸡笼"，还有"跑马云，台风临"等民间谚语。

Part 5 台风趣闻知识

海洋探秘系列 台风探秘

被除名的台风

台风的命名规则是由世界气象组织的各会员国、地区提供的台风名字，组成一个台风家谱，这些名字年复一年地使用，直到某个名字的台风给人类造成特大灾害，它就会被除名，再由其原本提供名称的国家或地区重新提供新名字，因而才会出现被除名的台风。如台风"鹿莎"在2002年登陆韩国全罗南道，其所带来的狂风暴雨在韩国夺走了213人的生命，还有33人失踪，经济损失无法估量，这在韩国历史上非常罕见。"鹿莎"被除名后，由"鹦鹉"替代。

超强台风"山竹"

超强台风"山竹"于2018年9月7日20时在西北太平洋洋面上生成。"山竹"一名由泰国提供。9月15日，台风"山竹"从菲律宾北部登陆，15日18时，广东省防总决定将防风Ⅱ级应急响应提升至Ⅰ级。截至2018年9月18日17时，台风"山竹"造成我国5省（区）近300万人受灾，5人死亡，1人失踪，1200余间房屋倒塌，800余间房屋严重损坏，近3500间房屋一般损坏；农作物受灾面积174.4千公顷，其中绝收3300千公顷；直接经济损失达52亿元。2020年，"山竹"被除名，由"山陀儿"（一种形似山竹的热带水果）替代。

5级台风"鸣蝉"

2003年，台风"鸣蝉"在韩国釜山西部登陆时，当地记录到16级的平均风速和17级的阵风。韩国全国有132人死于非命，经济损失达到创纪录的41亿美元，釜山港遭受了半个世纪以来最严重的破坏。值得一提的是，"鸣蝉"在进入东海前穿越日本宫古岛时，强度达到巅峰，是一个标准的5级台风。"鸣蝉"被除名后，由"彩虹"替代。

超强台风"桑美"

台风"桑美"是中国大陆50多年来登陆的最强台风之一，它的前身是热带低压08W，2006年8月5日被日本气象厅升格为热带风暴并命名为"桑美"。"桑美"稳定向西偏北的方向快速移动，中央气象台将其升格为超强台风，随即达到巅峰强度。8月10日17时25分登陆浙江苍南马站镇，登陆时中心附近最大风力强度为17级。浙、闽两省超过500人遇难，多数死于风毁和海难。福鼎市沙埕港内避风渔船竟有952艘沉没，200～300名渔民死亡和失踪。"桑美"被除名后，由"山神"替代。

Part 5 台风趣闻知识

惨遭除名的"清松"

台风"清松"于 2013 年 1 月 3 日 20 时在菲律宾苏禄海海面上生成，4 日凌晨移入我国南海南部偏东海域。"清松"一名由朝鲜提供，清松长年翠绿并屹立于坚硬的岩石上，象征着朝鲜坚毅的民族性，其发音近似英语的海啸，造成部分马来西亚沿海居民恐慌。因此，2014 年第 46 届台风委员会决定将"清松"这个名字退役。这是第 6 个纯粹以名称本身因素而退役的西北太平洋热带气旋名称。

台风"象神"

台风"象神"于 2006 年登陆菲律宾吕宋岛南部，并正面袭击了其首都所在的大马尼拉地区，造成 197 人死亡。而后，"象神"又以 3 级台风的强度袭击了越南岘港，致死 71 人，并造成严重的经济损失。"象神"被除名后，由"丽琵"替代。

奇闻逸事

2000 年，"象神一世"袭击我国台湾期间，新加坡航空 006 号航班在台北中正机场起飞时在狂风暴雨中误入一条正在维修的跑道，飞机与跑道上的机械设备碰撞后爆炸起火，造成 83 名乘客和机组人员死亡。

超强台风"海马"

　　超强台风"海马"于2016年10月15日8时由中央气象台宣布生成。当日9时25分被日本气象厅升格为热带风暴并命名。10月17日8时被中央气象台升格为强台风级，当日17时被升格为超强台风级。10月19日23时40分前后，在菲律宾吕宋岛东北部沿海登陆。10月21日12时40分前后，其中心在广东省汕尾市海丰县鲘门镇登陆，登陆时中心附近最大风力为14级。受台风"海马"的影响，菲律宾和中国华南地区经济损失重大，总计约19.3亿美元。截至2016年10月25日9时，台风"海马"导致江苏、福建、广东3省189.9万人受灾，直接经济损失达47.6亿元。"海马"遭除名后，由中国提供的"木兰"替代。

台风"查特安"

　　台风"查特安"是一个远洋转向台风，除名原因是其在密克罗尼西亚造成了罕见的灾害。其中，楚克岛受灾最为严重，有47人死于因暴雨引发的地质灾害。2002年7月，台风"查特安"在菲律宾造成数十人死亡，数万人无家可归，在日本造成4人死亡，2人失踪；在关岛造成54人死亡，1人失踪，造成财产损失约6.6亿美元。"查特安"退役后由"麦德姆"替代。

海洋万花筒

　　"查特安"来自关岛的查莫罗语，是"雨"的意思。这个台风之所以会有个查莫罗语的名字，是因为它起源于关岛。2002年6月29日清晨，太平洋上形成了一个热带低气压。这个低气压形成的位置在关岛以南大约1500千米的海面上，当天就形成了一个热带风暴。因此，当地人就用"查特安"来为这个台风命名。

Part 5 台风趣闻知识

海洋探秘系列 台风探秘

超级台风"利奇马"

台风"利奇马"于2019年8月4日15时许获得日本气象厅命名。8月7日5时许被中央气象台升格为台风。8月7日23时许被中央气象台进一步升格为超强台风,并继续向西北方向移动,向浙江沿海靠近,并于8月10日1时45分许在浙江省温岭市城南镇沿海登陆,登陆时中心附近最大风力为16级。截至2019年8月14日10时,"利奇马"共造成中国1402.4万人受灾,57人死亡,14人失踪,209.7万人紧急转移安置,直接经济损失达537.2亿元。"利奇马"一名由越南提供,意为一种水果,遭除名后,以"竹节草"替代。

台风"天鹰"

台风"天鹰"的名字来自日本,其意为天鹰星座。2011年,"天鹰"的强度非常弱,按中央气象台的数据仅有10级风力,然而制造降水的能力却出奇地强。其在菲律宾南部棉兰老岛登陆后,山洪、泥石流、山体崩塌接踵而至,导致1257人死亡,85人失踪。"天鹰"因造成重大人员伤亡而被除名,由"天鸽"代替。

1. 这个水系沿海了几乎整个东亚民居的范围。
2. 气温回升快。
3. 台风"天鹅"的降水能力很强，造成了1000多人死亡，因此被除名。

台风"莫拉克"

　　台风"莫拉克"一名由泰国提供，意为绿宝石，它于2009年8月4日生成，而后一路西行并加强，于8月5日加强为台风，8月7日23时45分登陆我国台湾地区的花莲后，在台湾海峡周边长久滞留，8月9日16时20分再次登陆福建霞浦，随后逐渐北上横扫华东。由于"莫拉克"受到台风"天鹅"和台风"艾涛胚胎"的双台风效应以及地形、季风等因素的综合影响，其在台湾海峡周边长久滞留并带来极端降水，造成我国台湾地区自1959年"八七"水灾以来最严重的水灾——"八八"水灾，并重创华东、华南地区，共造成789人遇难，经济损失达62亿美元，成为2009年太平洋台风季最致命的风暴。遭除名后，由泰国提供的"艾莎尼"（意为闪电，是首个投入使用的二代替补名）替代。台风"莫拉克"也是首个遭到除名的替补名，其原本就是顶替未被使用的"翰文"一名，因为后者被印度气象局以宗教因素为名反对而未使用。

海洋万花筒

　　台风命名表共有140个名字，分别由世界气象组织（WMO）所属的亚太地区的14个会员国和地区提供，以便于各国人民防台抗灾，加强国际区域合作。同时台风委员会还规定：当某个台风犯下滔天大罪后，有关会员可以提出换名申请，从而把这个恶魔永远钉在灾难史的耻辱架上。

开动脑筋

1. 台风"清松"被除名的原因是什么？
2. 超级台风"海马"的名称是哪个国家提供的？
3. 台风"天鹰"的强度很弱，仅有10级风力，为什么也遭除名了？

Part 5 台风趣闻知识

有关台风的谚语

　　台风与人们的生活息息相关，在千百年的历史长河中，人们对于台风的到来总结了很多宝贵经验，结合我国特有的文化底蕴，形成了许多有关台风的谚语。这些谚语充分表达了人们对台风的变化、形状以及产生的影响等进行的预言和说明。这里既有对台风到来时的描绘，也有人们应对台风时的智慧，在我国民间流传广远，形成了一种特有的文化。

"跑马云，台风临"

　　"跑马云，台风临"，这句谚语是对台风来临前的一种预测。在台风来临前，由空气扰动而形成的热带气旋会形成"跑马云"，它的特点是碎积云从东南沿海方向飞速移向本地天顶，势如跑马。这种云属于低云，云高为1～2千米，是由状如馒头的积云破碎而成。"跑马云"的出现，预示着本地将受到热带气旋的侵袭。

"一斗东风三斗雨" "六月北风，水浸鸡笼"

  谚语中所指的"三斗雨"和"水浸鸡笼"均是指台风带来的暴雨。我国的台风多半来自东南方向的广大洋面上。当台风登陆某地时，由于受到台风前半圈外围气流的影响，常出现西、北、东3个方位的风向，并且持续半天到一天以上时，即成为台风的预兆。然而，有时台风来临前，有的地方几乎是静风，海面上平静如镜，月影清晰地倒映于海中，故也有"海底照月主大风"的经验流传于民间。而这里所说的大风，也是由台风侵袭时带来的。

"无风起长浪，不久狂风降"

  "无风起长浪，不久狂风降"是一句预测台风的谚语。热带气旋中心的极低气压和云墙区的大风，常使海面产生巨大的风浪和长浪。风浪的波长和周期较短，它离开热带气旋大风区后向四周传播，由于风力减小和能量消耗，浪高逐渐减小，周期变长，形成涌浪。涌浪传播的速度比台风移速快2～3倍。因此，台风在影响我国前2～3天即可在我国东部沿海观测到涌浪。人们根据观察涌浪的传播变化来预测台风，逐渐形成了谚语。

Part 5 台风趣闻知识

"七月初一，一雷九台来"

这句谚语的意思是说农历七月初一如果有雷鸣，年中时台风必定较多。而民间所说的"一雷压九台"现象，一般发生在9—10月的秋季。这时北方有冷空气南下，如果有台风的话，冷暖气流相遇将出现闪电打雷的现象，但受西风槽影响，台风往往会转向，所以就会消失"不见"了。

"北风冷，台风遁"

"北风冷，台风遁"这句谚语浅显易懂，它是说北风冷空气出现时，台风就不见了。出现这种现象的原因是热带气旋的路径常受西北太平洋3～5千米高空副热带高压脊周围气流的影响。当北方有较强冷空气（北风）南下时，副热带高压脊向南方和东方撤退，台风常发生转向，不再影响本地。所以，流传出"北风来到，台风消失不见"的说法。

"风刮一大片，雹打一条线"

　　这句谚语是形容风和冰雹出现时的状态，出现这种状态是因为风是流动着的大气，它涉及的范围广、面积大。冰雹是水汽凝冻成的冰晶体，经反复升降数次，冰晶体越来越厚，重量越来越大，上升气流不胜其重量，因而才降到地面。由于云中扰动强度是不均匀的，而且能形成冰雹的强扰动云层宽度也不大，一般只有三五千米，有的甚至更窄，但其移动路径却可延伸较远，使雹区呈带状。因此，一般有"雹打一条线"的说法。

海洋万花筒

　　"回头风，特别大"这句谚语的意思是风朝着一定方向前进时，如突然转变方向，说明有锋面过境，将有风暴来临。

海洋探秘系列 台风探秘

Part 5 台风趣闻知识

"一雷压九台"

这句谚语中的"九台"的意思是 9 个台风，形容台风很多。"一雷压九台"是民间的一种说法，是说台风来临之前只要听到雷声，就意味着台风不会再从当地登陆。

民间还有另外一种说法，叫"一雷引九台"，它和"一雷压九台"的说法完全相反。对此，有专家解释说，打雷和台风远离没有必然联系。平时的雷雨天气就是单个的云团起的作用，而台风则是由无数个云团组成，台风的螺旋带本身就能打雷。因此，民间说法只是一种经验的总结，并非完全正确。台风是否从某一地区登陆，还要看具体的大气环流环境，以实际观测结果为准。

海洋万花筒

"风三风三，一刮三天"这句谚语是说在春季如有北方强冷空气移来时，便要刮大风。大风过去，其后面还有小股冷空气断断续续移来，一般还要刮两三天。

开动脑筋

1. 你知道生活中还有哪些台风谚语吗？
2. 台风谚语中的道理你能解释清楚吗？

"古龙晒太阳，不久台风狂（到）"

这句谚语所说的"古龙晒太阳"，是指在太阳下方有一束橙黄色的黄带。出现这样的征兆，则预示着会有台风天气到来。东海同样有很多关于长、中、短期天气变化的谚语，如舟山群岛的"上灯遇风暴，稻花风吹落"是说正月十三（上灯）到十八（落灯）如果遇上偏北大风，则预示着六七月早稻扬花或收割的时候会有台风出现。

海洋万花筒

"久晴西风雨，久雨西风晴"这句谚语所形容的天气现象，是指在天气久晴的情况下，虽有来自海洋的暖湿空气，如不经冷空气抬升，也不易降雨；若此时有从西北来的冷空气，暖湿空气被抬升，便容易成云致雨。如果在久雨的情况下，有西北风吹来，将把本地暖湿空气赶出去，因而天气就会很快转晴。

参考答案：
1. 在风暴下了大雨的正月十五日至二月十九日到三月初，将会有中等到强的东北风或东南风发生

Part 5 台风趣闻知识

卫星看台风

中国于1977年开始研制风云系列气象卫星，并且在1988—1999年先后发射了风云一号A、B和C气象卫星。这3颗卫星是第一代极轨气象卫星。1997年和2000年又先后发射了两颗静止风云二号气象卫星，组成了中国气象卫星业务监测系统。风云卫星系列的成功发射使我国有了更加先进的气象观测技术，从此可以在卫星云图上清楚地观测台风，对台风的动向和变化有较为精准的追踪。

卫星之眼看台风"巴威"

2020年8月22日8时，第8号台风"巴威"（热带风暴级）在我国台湾地区以东海面上生成，中心附近最大风力为8级。从卫星云图上看，"巴威"的螺旋结构非常明显，台风眼清晰可见。它向北偏西北方向移动，强度逐渐加强，并向我国山东半岛一带沿海靠近。8月25日12时，"巴威"云系相较于上午变得更为密实，结构也更加紧凑，强度也变更为强台风级。2020年8月27日8时30分前后，"巴威"在中朝交界附近的朝鲜平安北道沿海登陆，登陆时中心附近最大风力达12级。

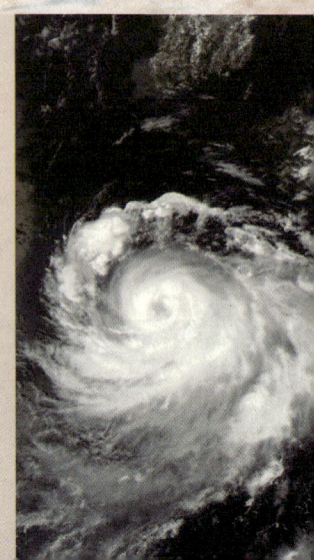

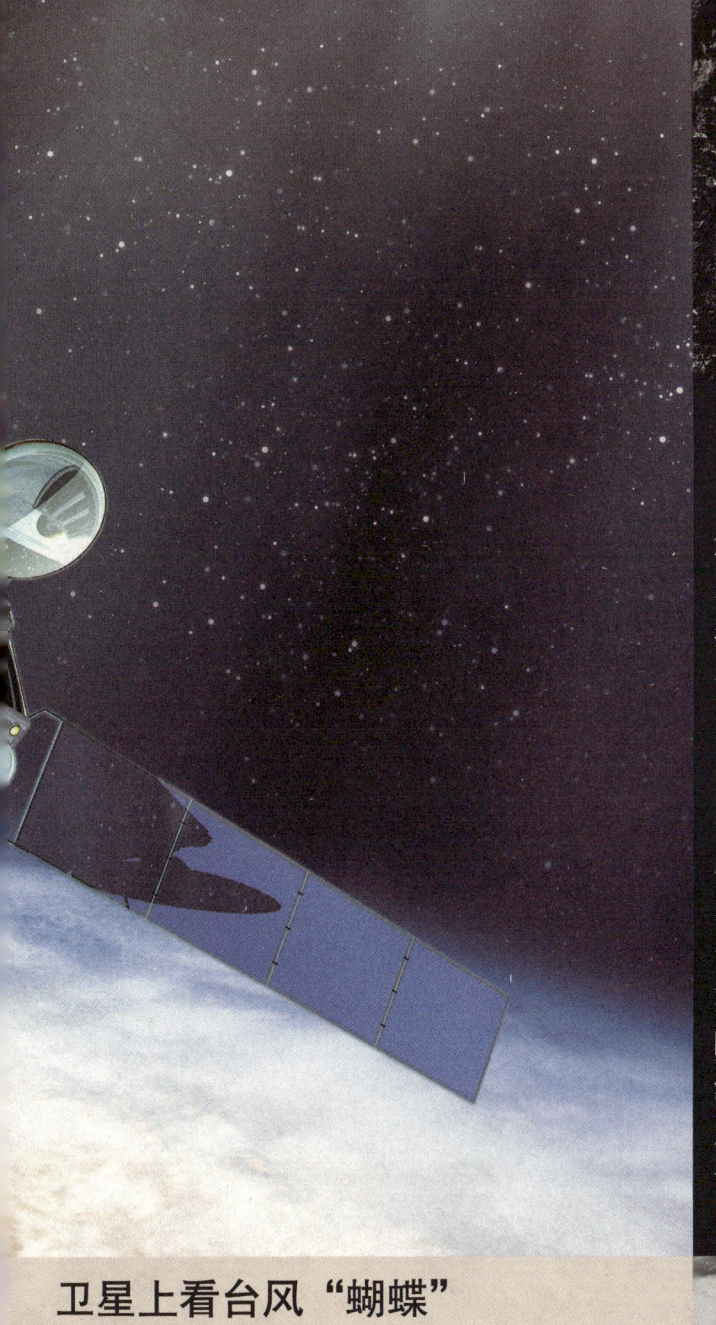

卫星上看台风"帕布"

强热带风暴"帕布"是2019年太平洋台风季首个被命名的风暴。"帕布"的名称由老挝提供，原本是一种大型淡水鱼。台风"帕布"于2019年1月4日15时20分前后在泰国洛坤附近沿海登陆，登陆时中心最大风力为9级。受到台风"帕布"影响，泰国当地许多沿海旅游区被迫关闭，往返于海岛之间的轮渡暂停运营。苏梅岛国际机场和素叻他尼国际机场也取消了所有航班。沿海地区的学校也宣布停课。台风"帕布"共造成泰国3人死亡、1人失踪，越南1人死亡、1人失踪。

卫星上看台风"蝴蝶"

超强台风"蝴蝶"于2019年2月20日3时许被日本气象厅升格为热带风暴并命名，中央气象台随后将其升格为热带风暴，2月21日14时许被中央气象台升格为台风，后来两度被中央气象台升格为超强台风，于2月25日14时许被美国联合台风警报中心升格为5级台风。随后其遇到强烈的垂直风切变而迅速减弱，截至2019年3月1日，初步估计"蝴蝶"给关岛造成的损失为130万美元。

海洋探秘系列 台风探秘

Part 5 台风趣闻知识

卫星上看台风"浣熊"

强台风"浣熊"于2019年10月16日被美国联合台风警报中心升格为热带低压,编号为21W,18日日本气象厅将其升格为热带风暴并命名为"浣熊","浣熊"一名由韩国提供,意思为狗。18日至19日上午,"浣熊"缓慢向西北移动,强度略有加强,其间中央气象台不断升格其强度等级,并最终于当日23时将其升格为强台风。此后此台风明显减弱,于21日14时转化为温带气旋,中央气象台和日本气象厅对其停止编号。

卫星上看台风"木恩"

热带风暴"木恩"为2019年太平洋台风季第4个被命名的风暴。这个名称由密克罗尼西亚提供,意为Yap语中的"六月"。"木恩"于2019年7月1日20时许被中央气象台升格为热带低压,7月2日21时许被日本气象厅和中央气象台先后升格为热带风暴,并于7月3日0时45分许在海南省万宁市和乐镇沿海登陆,登陆时中心附近最大风力为8级,又于7月4日6时45分许在越南太平省沿海再次登陆,登陆时中心附近最大风力仍有8级,最终于7月4日17时被中央气象台停止编号。截至7月4日8时,"木恩"导致越南2人死亡。

卫星上看台风"杨柳"

台风"杨柳"于 2019 年 8 月 27 日 9 时许获得日本气象厅命名,并于 8 月 28 日 1 时许在菲律宾吕宋岛东部沿海登陆,"杨柳"一名由朝鲜提供,意为一种在城乡均有种植的树。登陆时中心附近最大风力为 8 级,随后移动到南海并掠过海南岛以南海面,8 月 30 日 1 时 30 分在越南广平省沿海再次登陆。截至 2019 年 8 月 30 日,"杨柳"共造成菲律宾 1 人死亡。8 月 29 日,"杨柳"诱发的龙卷风共造成中国 8 人死亡,2 人受伤。8 月 30 日下午,"杨柳"共造成越南 27 人失踪。

海洋万花筒

"风云一号"A 星是我国自行研制和发射的第一颗极地轨道气象卫星,也是我国第一颗传输型极轨遥感卫星。"风云一号"A 星是一个高 1.2 米,长、宽各 1.4 米的立方体,左右两翼的太阳电池翼被打开以后,其跨度为 8.6 米。该卫星重 750 千克,在 900 千米高的极地轨道上运行,倾角 99 度,周期 102.86 分钟,每天卫星绕地球 14 圈。1988 年 10 月,"风云一号"A 星停止数据接收和产品处理。

海洋探秘系列 台风探秘

Part 5 台风趣闻知识

卫星上看台风"米娜"

台风"米娜"于2019年9月28日9时许获得日本气象厅命名，9月29日17时许被中央气象台升级为台风，随后在我国台湾地区东南海面转向北偏西方向移动，向浙江中北部沿海靠近，并于10月1日20时30分许在浙江省舟山市普陀区沿海登陆，登陆时中心附近最大风力为11级。此后"米娜"转向北偏东方向移动，并于10月2日20时10分许在韩国全罗南道沿海再次登陆，登陆时中心附近最大风力为9级。"米娜"造成韩国至少12人死亡，2人失踪。导致中国浙江省舟山市59.69万人受灾，3人死亡，1人失踪。直接经济损失达18.56亿元。

卫星上看台风"白鹿"

台风"白鹿"于2019年8月21日许获得日本气象厅命名，8月22日许被中央气象台升级为强热带风暴，并于8月24日在我国台湾地区屏东县满州乡沿海登陆，登陆时中心附近最大风力为11级，随后移入台湾海峡。于8月25日在福建省东山县再次登陆，登陆时中心最大风力为10级，最终于8月26日被中央气象台停止编号。截至2019年8月25日，"白鹿"共造成菲律宾2人死亡；我国台湾地区1人死亡，5所学校遭受损失，农业损失达1.7522亿元新台币。

> **开动脑筋**
> 1. 我国的首颗气象卫星是什么？
> 2. "风云一号"A星每天可以绕地球多少圈？

图2.14 "风云一号"A星

卫星上看台风"丹娜丝"

热带风暴"丹娜丝"为2019年太平洋台风季第5个被命名的风暴。它于2019年7月15日被中央气象台认定为热带低压，7月16日被日本气象厅升格为热带风暴并命名，随后也被中央气象台升格为热带风暴，7月17日上午在菲律宾吕宋岛以东洋面北上，向朝鲜半岛西部沿海靠近，并于7月20日22时许在韩国全罗北道西部沿海登陆，登陆时中心最大风力为7级，最终于7月21日23时被中央气象台停止编号。截至2019年7月18日，台风"丹娜丝"导致菲律宾4人死亡。截至2019年7月27日下午，台风"丹娜丝"共造成我国台湾地区农业损失742万元新台币。

> **海洋万花筒**
>
> "风云四号"气象卫星是我国第二代静止气象卫星，主要发展目标是：卫星姿态稳定方式为三轴稳定，提高观测的时间、分辨率和区域机动探测能力；提高扫描成像仪性能，以加强中小尺度天气系统的监测能力；发展大气垂直探测和微波探测，解决高轨三维遥感；"风云四号"卫星计划发展光学和微波两种类型的卫星，加强空间天气监测预警。

海洋探秘系列 台风探秘

Part 5 台风趣闻知识

人工影响台风

　　台风是海上出现的一种可怕的自然现象，它每次出现时都伴随着狂风、巨浪、暴雨和风暴潮，让古代航行的船只闻之色变，无数的船只因为遭遇台风而葬身海底。现在，随着科技的进步，人们已经能够准确预测台风的移动路径以及登陆的时间，提前发出警报，由此引发的灾难损失也大大降低了。但是，有没有一种办法可以控制台风，影响它的强度、改变其移动路径，从而为人类所用呢？一些科学家和发明家对此进行过研究，并且提出了许多关于阻止台风的理论。

影响台风的7种理论

　　科学家为了实现影响台风的目标，提出了7种理论，其中有3种理论是从海面进行：液氮膨胀、化学薄膜覆盖、水泵浦抽冷水，其目的是让上层的海水降温；另外3种理论是从云层进行：炭黑燃烧、播云、激光放电；还有1种理论是从太空进行，即从空间站发出微波束。正如提出用微波束影响台风的霍夫曼博士所言："只要对大气做出正确而精准的微幅改变，就能影响台风，将它引离陆地或降低强度。"

112

海军的另一个敌人

自20世纪50年代以来,环境武器出现在人们的视野里,而且受到许多军事科学家的重视。环境武器中一种很重要的武器就是控制台风,据历史资料统计,有60%的舰艇事故是由台风造成的,因此,台风又被称为海军的另一个敌人。如果能用人工方法影响台风带来的狂风暴雨,就能大大降低台风导致的灾难性舰艇事故,甚至可以变害为利,控制台风,使它服从人类的意志。现代军事专家们都在设想如何用人工产生台风,操纵台风,加强台风的威力、速度,改变台风的行进路线。这样就可以操纵台风,袭击敌方重要目标,如沿海城市、海上舰船、空中飞行的飞机等,从而给敌方造成重大的损失。

寻找台风的"命脉"

科学家想要影响强大的台风,就要找到台风的"命脉"。观察证实,热带海洋上空的高温、高湿空气就是台风的"先天命脉"。台风作为超大规模的气流团,它本身的形成需要几股势力的参与,但无论怎样,支持它发展壮大的最核心势力就是热带海洋上空的高温、高湿空气。于是就有科学家提出了切断台风"先天命脉",让台风"断气"的设想。

海洋探秘系列 台风探秘
Part 5 台风趣闻知识

让台风"断气"的油膜理论

为了切断台风的"先天命脉",科学家想到了一个具体的实施办法,即油膜理论。油膜理论是让多艘轮船在容易形成台风的区域或将要途经的洋面上喷洒一层特殊的油膜。这层油膜能阻挡海水的蒸发,从而削减台风形成以及沿途发展壮大所需要的能量,其结果有可能把台风扼杀在"摇篮"之中,至少能减少让台风发展壮大的能量补给。因为这种特殊油膜经过一段时间就可被海洋物质降解,所以人工油膜本身不会对海洋生物造成很大的危害。

严重的争议使计划流产

油膜理论被人提出来后,出现了许多反对声音。许多科学家怀疑这种方案的可行性,他们认为,台风形成的区域范围巨大,无法划定它们形成的具体区域,因而无法做到有的放矢地喷洒油膜;而台风一旦形成,这个高能量的旋转气流团就会像个巨型搅拌器,它掀起的巨浪能达15米多高,能轻而易举地摧毁覆盖在洋面上的油膜。此外,从环境保护的角度来看,任何能压住海面的厚油类物质肯定会因对空气的阻隔而将大部分靠氧气维生的海洋生物杀死。由于这个设想存在严重争议,所以后来一直没有付诸大规模试验。

海上风电场削弱台风

最近几年，斯坦福大学和特拉华大学的研究人员采用计算机模拟表明，成千上万个风力涡轮机组成的海上风电场可能会削弱现实生活中台风的力量，显著降低它们的风力及伴随的风暴潮，并且可能减少数十亿美元的损失。不过，在风电场下游几十千米处，风速就基本恢复到之前的水平。并且，台风是立体的，从地面到对流层顶，高达万米，而风电机组也就是地面十几米到几十米。台风通过内部的对流，将动量下传，很容易把大风速向下传导。所以，在沿海地区利用台风的风力发电，这显然是一种趋利避害的手段，但是要达到削减台风强度的程度还是很难的。

以毒攻毒的方法

20世纪中叶，有科学家提出了通过人工制造第二个"风眼"来瓦解台风"风眼"，进而切断其"后天命脉"的大胆设想。其具体方法是：用碘化银等具有冷凝作用的物质撒在紧密围绕台风"风眼"旋转的气流云上面，这样可以使"风眼"附近的高热、高湿的气流云凝结成冰晶。当这些人造冰晶积聚到一定规模以后，就能够在台风"风眼"的外围生成一圈新的云层，这圈新云层可以借助台风的风力形成新的旋转气流团，进而会发展成为与原台风相邻的第二个"风眼"。新的"风眼"形成后，就会分散原台风"风眼"的力量，使其旋转速度大大减慢，直至耗尽其力，最后将它彻底瓦解。

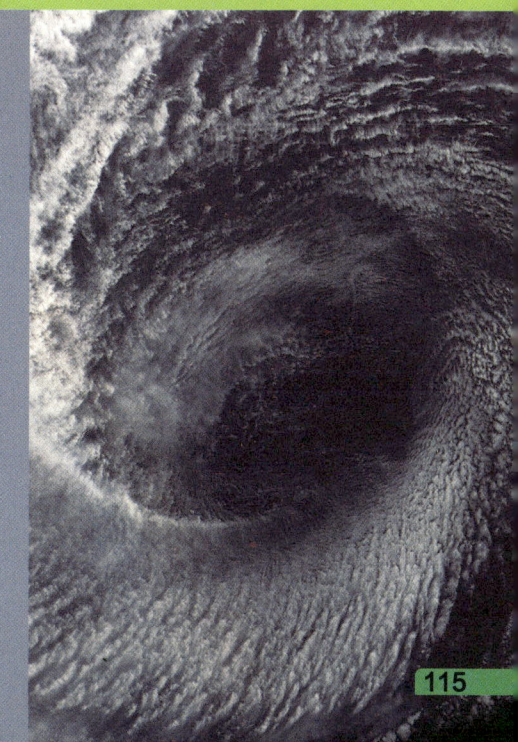

海洋探秘系列 台风探秘

Part 5 台风趣闻知识

文森特的云种播撒

1946年，文森特·沙佛在实验室里成功制造出人工雪花和降水后，实验室中的另一位科学家伯纳德·冯尼格特随后发现碘化银粉末也可以促使云产生冰晶降水。这些发现和实验造成不小的轰动。正如47年后《纽约时报》在文森特·沙佛的悼文中写道："他曾被赞誉为对天气做了点什么而不是只说不做的第一人。"这里说到的"做了点什么"就是指后来人工影响天气的重要理论之一——云种播撒。

文森特的人工雪花

文森特·沙佛15岁就辍学到美国通用公司当工人。他在通用实验室遇到了后来的好友兼导师欧文·朗缪尔，当时欧文·朗缪尔已经是获得诺贝尔奖的化学家了。两个人一见如故，志趣相投，对户外活动和天气等都充满了激情。他们合作得非常愉快，发明和发现了很多有意义的东西。1946年，文森特·沙佛偶然发现干冰能让云迅速结冰。他和导师一同设计实验，在通用实验室里成功地制造出人工雪花和降水。

卷云计划

欧文·朗缪尔等发现：干冰粉和碘化银粉末可以促使云产生冰晶，因为云中存在很多在零度以下仍为液态的过冷水。这些过冷水遇到干冰或碘化银会迅速结晶，并增长成冰晶或雪片，这样能帮助云层产生降水。欧文·朗缪尔表现得更"疯狂"。他看到用云种播撒机制影响天气的前景。在他的盛名和激情游说之下，美国通用公司、美国陆军通信兵、美国空军和美国海军不顾其他质疑的声音，合作进行第一个人工影响天气计划——卷云计划。

海洋万花筒

干冰是固态的二氧化碳，制作干冰的历史可以追溯到1823年英国的法拉第和笛彼，他们首次液化了二氧化碳。后来，德国的奇络列在1834年成功地制出了固体二氧化碳。但是，当时只是限于研究使用，并没有被普遍使用。

海洋探秘系列 台风探秘

Part 5 台风趣闻知识

第一次云种播撒

卷云计划的目的是在各种条件下进行云种播撒，然后通过飞机和地面设备观测天气变化。这个雄心勃勃的计划有一个特别项目，就是人工影响热带风暴和飓风。文森特·沙佛和伯纳德·冯尼格特是这个项目重要的科学家，他们制订了卷云计划，等待了几个月后，飓风终于出现了。3架飞机起飞到飓风区域，在飓风外围雨带播撒下约36千克的干冰粉末，随后据机组人员所说，云层出现了很明显的改变，但是没有任何观测显示飓风的结构和强度有所变化。

海洋万花筒

动量守恒定律是物理学的普遍定律之一，反映了质点和质点系围绕一点或一轴运动的普遍规律。

118

意外的惨败

就在文森特·沙佛等进行第一次播撒实验后不久，原本正在远离美国大陆的飓风突然转头向西行进，并在佐治亚州和南卡罗来纳州登陆。这引起公众的强烈不满，许多人认为是卷云计划失败造成了飓风登陆的事件，这种实验应该在大洋中去做。因为飓风的意外转向，这项原本"人工影响热带风暴，并试图控制飓风移动路径"的计划因惨遭飓风戏弄而被迫取消，甚至被公众威胁将被起诉。

海洋万花筒

碘化银可用作显影剂和人工增雨中的催化剂及分析试剂；碘化银和溴化银混合可制造照相感光乳剂；在人工降雨中，碘化银可用作冰核形成剂，还能防冰雹、霜冻、雪和风暴；可用作热电电池的原料；在化学反应中用作催化剂，也用于医药工业。

角动量守恒原理的影响

1954—1955 年，6 个强飓风袭击了美国东海岸，导致近 400 人死亡。飓风带来的人员伤亡和财产损失，刺激美国政府开始重视影响飓风的研究。1955 年美国气象局开展了一个飓风研究项目（National Hurricane Research Project，NHRP），其中一个宗旨就是试图影响或改变飓风。科学家们认为，眼壁附近区的空气非常不稳定。如果进行云种播撒，冰晶过程释放的热量会对眼区的气压场产生扰动，眼壁的不稳定被激发而向外扩张。根据角动量守恒原理，最大持续风速就会降低。

海洋探秘系列 台风探秘

Part 5 台风趣闻知识

一雪前耻的对比实验

　　距离第一次云种播撒实验 14 年后，NHRP 和美国海军合作，于 1961 年 9 月 16 日向飓风"埃丝特"的眼壁播撒了大量的碘化银，实验结果表明：风速减弱了 10%。第二天，他们继续播撒碘化银，但是不在眼壁区以内，以此来对比这样的选择对飓风的影响。这一次播撒碘化银，风速没有减弱。这组对比试验被认为成功地证实了当时的科学假想。这次试验大大鼓舞了项目参与者，一雪 14 年前飞行试验的耻辱。1962 年，美国开展了新一轮的"打台风计划"——狂飙计划。

再次证实科学假想

　　1963 年 8 月，飓风"比乌拉"出现后，提出参加"狂飙计划"的气象学家迫不及待地开始飞行。8 月 23 日，"比乌拉"的眼区还不明显，最大持续风速约为 40 米 / 秒，尚未达到强飓风的强度。气象学家在播撒时出现失误，将碘化银撒到了外围区域，观测没有显示任何强度变化。第二天，"比乌拉"发展出明显的眼区，最大持续风速达到 50 米 / 秒。当飞机将碘化银播撒到目标位置时，新的眼壁开始在外围形成，最大风速减弱了 20%，最大风速半径也外扩到新的眼区位置。这样的结果看似又一次证实了气象学家提出的科学假想。

120

科学假想的逻辑缺陷

"狂飙计划"的科学假想开始考虑了动力学因素。在冰晶形成的过程中，不但有能量释放，产生的浮力也增强了云团中的对流上升运动。如果在眼壁区以外的强大积云塔中播撒，将加强积云塔的对流活动并产生新的眼壁。新的眼壁夺走原先眼壁的水汽和动量并取代旧的眼壁。这样的眼壁外扩的过程将减弱飓风的强度。但是"狂飙计划"证明这个科学假想的过程存在一个逻辑缺陷，不过被观测证实已经是20年以后的事了。在此之前，"狂飙计划"风光了20年，一度发展成多达100人的团队。

"祸水"冤案

1965年，"狂飙计划"团队对媒体通报，准备对飓风"贝西"进行播撒。但是，飓风"贝西"突然意外转向，奔向陆地。不得已，"狂飙计划"团队取消了飞行计划。但是很多媒体都没有接到"狂飙计划"飞行取消的通知，仍然在继续宣传。随后飓风"贝西"在佛罗里达州登陆，但公众和美国国会以为"狂飙计划"又把"祸水"引来了。"狂飙计划"团队不得不花了两个月的时间，说服美国国会相信他们与飓风"贝西"的转向无关。之后一直到1969年飓风"黛比"之前，不是由于飓风季节不够活跃，就是因为飓风的位置太靠近陆地或者离陆地太远，"狂飙计划"一直没有机会进行播撒试验。

121

Part 5 台风趣闻知识

海洋探秘系列·台风探秘

无法证实的结局

"狂飙计划"无法证明播撒过程是否会改变飓风的过程和路径，于是基于安全和其他考虑，没有国家同意他们在邻近海域进行试验。1977年飓风"安妮塔"和1979年飓风"大卫"在没有人工干预下，都自动出现新的眼壁在外围发展并取代旧的眼壁的过程。人们没法证明"狂飙计划"几次所谓成功干扰飓风强度的播撒试验是不是恰好碰到飓风自身演变，"狂飙计划"团队不得不承认其无论是在云物理学还是统计学上都是不可靠的。1983年，"狂飙计划"被正式叫停。

海洋万花筒

在热带海面上经常会出现许多弱小的热带涡旋，这些热带涡旋可以称为台风的"胚胎"，因为台风总是由这种弱的热带涡旋发展、成长起来的。通过气象卫星观察发现，在洋面上出现的大量热带涡旋中，大约只有10%能够发展成台风。

"狂飙计划"的反思

"狂飙计划"虽然被叫停了,并且也没有得到一个确定的结论,但这却是人类对改变自然的一种大胆尝试,试想,如果"狂飙计划"成功了,那么人类不仅可以控制飓风的规模和方向,极大地减少飓风对人类所造成的伤害,还可以在人类需要的时候带来大量的降水,缓解干旱的困扰。"狂飙计划"在长达21年的时间里,追踪超过15个飓风,并对4个飓风尝试云种播撒试验,留下许多宝贵的观测资料,这可以为后来的研究者引用和思考。

被世界禁止的气象战

美军曾经在越南战争中动用了气象战,采用人工降雨的方法,让越军的运输道路上洪水泛滥,从而切断了对方补给。这无疑是一个灾难,对平民和环境都造成了严重的伤害。这说明有人干预天气的目的是减少灾害,但是也有人干预天气是为了造成灾害。尽管世界范围内已经禁止了气象战,但仍有超过52个国家在国内进行着各种各样的天气控制活动。

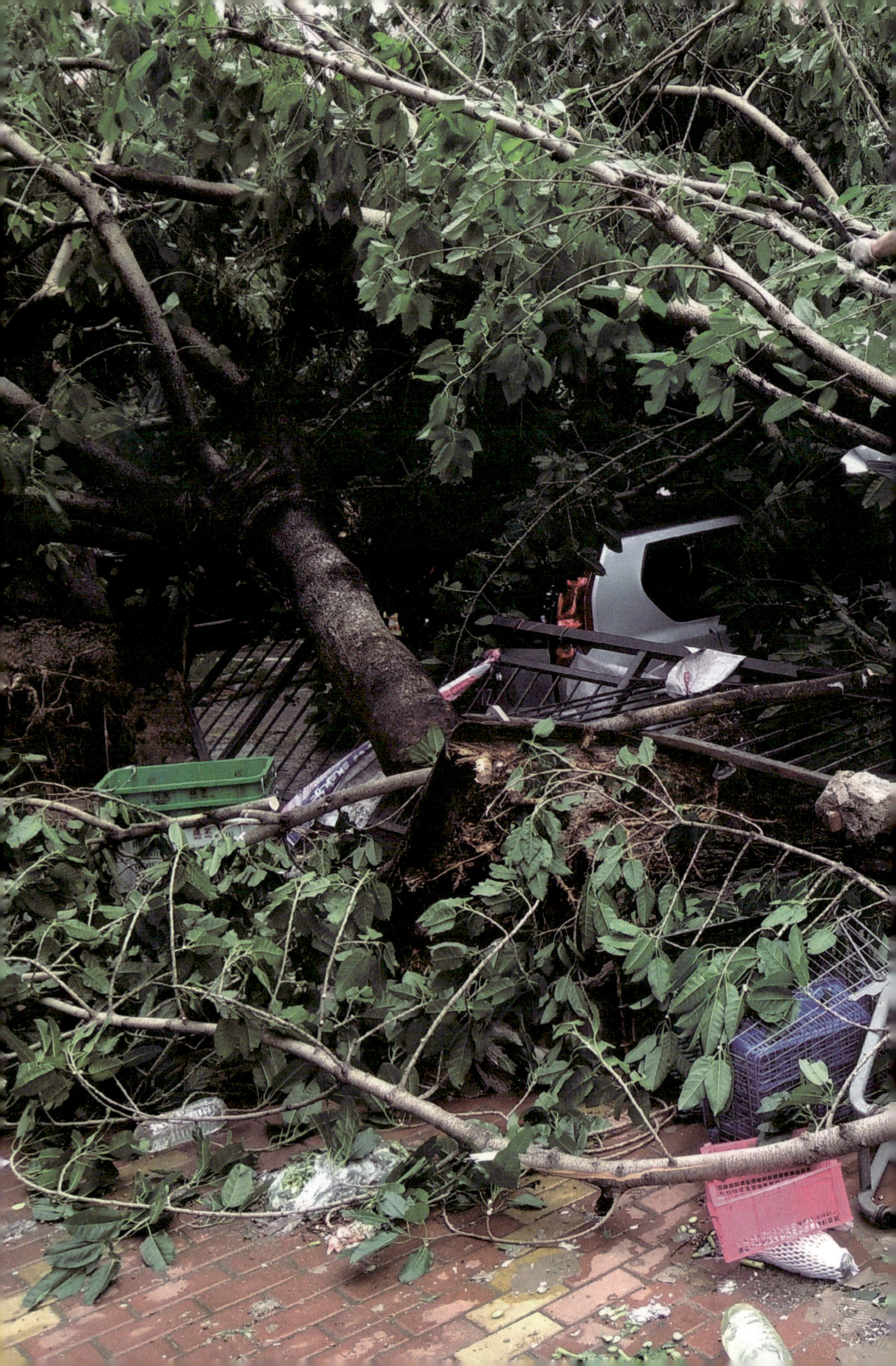

Part 6
典型台风案例

台风在世界各地都有发生，我国也是台风频发的国家之一。比如，1956年的超强台风"温黛"在浙江象山县肆虐，致使整个南庄平原看不到任何陆地，7万多幢房屋被冲毁。有的人死在睡梦中，有的人死在撤离的道路上，下山村有1000多人死于这次台风灾难。

Part 6 典型台风案例

海洋探秘系列 台风探秘

台风多发的 2001 年

台风每年都会不约而至，从来不理会人们对它的爱恨交加。全世界每年平均会出现 80～100 个台风（包括热带气旋），其中绝大部分都发生在太平洋和大西洋上。

2001 年是亚洲台风多发的一年，无论是"天兔"，还是"利奇马"，都给人们留下了深刻的印象。面对台风这样无可抗拒的自然现象，我们应该了解、接受它们，做好防范，将损失降到最低。

六月"飞燕"

2001 年 6 月 20 日，在北太平洋雅浦岛西北部海面上生成了一个热带气旋，并且向西北偏西的方向移动。日本气象厅将其升格为热带风暴，并命名为"飞燕"。6 月 21 日，"飞燕"升格为强热带风暴，在菲律宾以东洋面转为向西北方向移动。6 月 23 日，"飞燕"在我国台湾南部增强为台风，稍后北移并通过台湾海峡，后到达福建沿海地区，此时的"飞燕"已呈减弱态势。由于预报不及时，给当地造成了严重的损失。福建省有 22 个县（市）、246 个乡镇、342 万人受灾，房屋倒塌 1.25 万间，死亡 103 人，失踪 113 人，直接经济损失达 40 多亿元。

泰国人喜爱的"榴莲"

　　榴莲是泰国人喜爱的一种水果，但是台风"榴莲"显然并不受欢迎。2001年6月30日，在南海北部产生了一个热带气旋，随后增强为热带风暴，并被命名为"榴莲"。这个名称是由泰国提供的。7月2日上午6时左右，台风"榴莲"在广东省湛江市附近登陆，晚上变为强热带风暴，并进入广西南部，当晚进一步变为热带风暴。受到台风"榴莲"的影响，海南岛、雷州半岛、广西南部普遍出现强风雨天气，其中南宁、北海、钦州、防城港4市总降雨量超过200毫米，市区也出现了水浸。

台风"榴莲"带来的伤痛

　　台风"榴莲"并不像水果那样招人喜爱，它给我国广东、广西及海南3省造成了令人难忘的伤痛。在台风"榴莲"的吹袭下，超过430万人受影响，至少1.3万间房屋倒塌，直接经济损失超过3亿元。在湛江约有18万亩农田受到破坏，水和电力供应及通信系统也一度出现中断。广东海域有21人失踪。海南岛有30个航班取消，逾2000名乘客被迫滞留。广西1人死亡及1人失踪。台风"榴莲"还在越南北部造成至少32人死亡，3人失踪，1万多间房屋被水淹浸。

Part 6 典型台风案例

七月"尤特"

台风"尤特"可以形容为一个"大胖子",因为它是一个由季风低压增强为热带低压的台风,它的风圈最大直径为1050千米。"尤特"初时向北移动,2001年7月1日增强为台风后,登陆菲律宾吕宋岛北部,给菲律宾造成近300万美元及144人死亡的损失。强度逐渐变弱的"尤特"降级为热带风暴,在广东省汕尾市登陆,一直向西移动,边走边继续减弱,一路上经过了惠州、东莞、广州、佛山和肇庆,最后消失在广西一带,这期间台风维持了40多小时,打破了1979年台风"荷贝"所维持的30多小时的纪录。

"尤特"造成的惨烈后果

台风"尤特"一路走来,先后给菲律宾、我国台湾、香港、广东等地带来了不同程度的损害。多处铁路、公路受损,交通中断。我国香港地区因为风暴潮的原因导致沿岸大部分村民经济损失严重,海平面增高,许多人因雨水过大被困,交通和机场陷入瘫痪。当台风"尤特"登陆广东省时,风速达到每秒35米,并以每小时40千米左右的速度向偏西北方向移动,强度继续加强。它直接给广东省造成21.407亿元的经济损失,568.83万人口受灾,死亡3人,倒塌房屋4700间。

"玉兔"降临

2001年7月22日,在菲律宾吕宋岛东北部海面上生成了一个热带气旋,随后增强为热带风暴,日本气象厅将其命名为"玉兔"。7月25日,"玉兔"抵达我国香港南面海域时达到巅峰,风眼直径约为60千米。随后"玉兔"在广东茂名市电白区沿海地区登陆,登陆时中心附近最大风力为12级、风速达33米/秒。台风"玉兔"导致广东省4650间房屋损毁,估计损失为7亿元。"玉兔"也给我国香港地区带来了特大暴雨和烈风。7月26日,"玉兔"在中国南部完全消散。

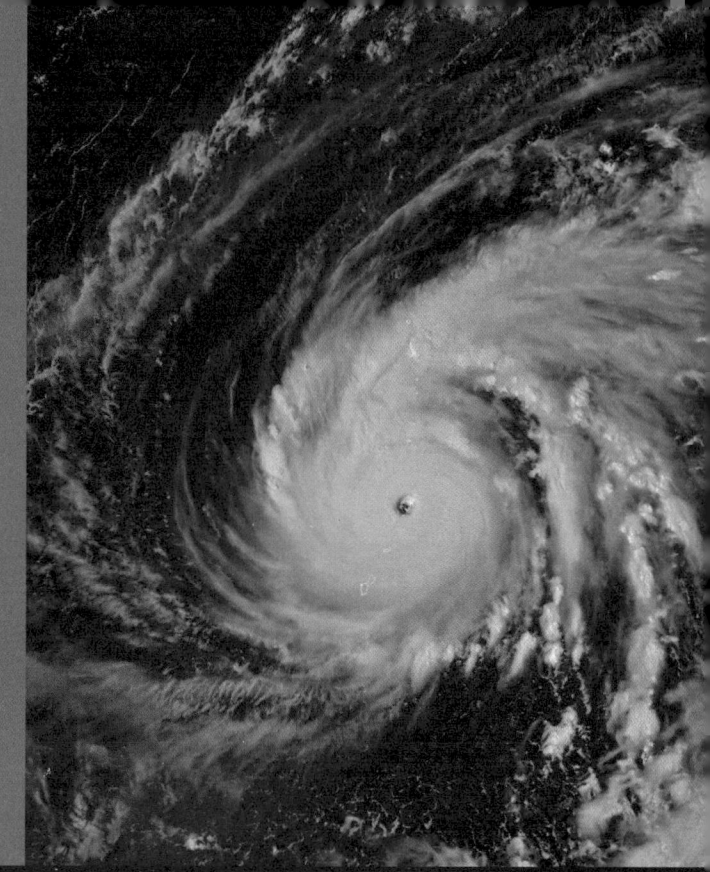

昙花一现的"蝴蝶"

2001年8月26日,在马里亚纳群岛以西的海面上生成一个热带气旋,随后向东北方向移动。日本气象厅将其命名为"蝴蝶"。8月28日,"蝴蝶"增强为强热带风暴,在硫黄岛东南部增强为台风。8月30日,"蝴蝶"在父岛以东转向北移动,强度逐渐减弱。9月3日,"蝴蝶"转变为温带气旋。9月4日,"蝴蝶"完全消散。台风"蝴蝶"运行轨迹为太平洋中部,并未对人员和财产造成损失。

Part 6 典型台风案例

八月"天兔"

2001年8月8日,在南海的海面上生成了一个热带气旋。8月10日,这个热带气旋在海南西南部海面增强为热带风暴,日本气象厅将其命名为"天兔"。8月11日,"天兔"登陆越南北部。随后在老挝和越南边境交界处减弱为热带低气压。当天"天兔"完全消散。"天兔"的到来,致使我国海南岛海面上有5艘渔船沉没;造成越南至少有两人死亡,5000幢楼房被毁;给泰国带来暴雨,酿成北部地区严重水浸及山泥倾泻,至少有76人死亡,30人失踪,约300间房屋被毁,1000人失去家园。

海洋万花筒

2001年太平洋台风季泛指于2001年全年内的任何时间所产生的热带气旋。它产生的范围包括赤道以北及国际换日线以西的太平洋水域,以及中国南海。虽然气象专家并没有指定这个台风季的具体期限,但是大部分西北太平洋的热带气旋通常都会在5—12月形成。

并不温柔的"玲玲"

"玲玲"并不是一个普通少女的昵称,它是一个由我国香港地区提供的强台风名称。2001年11月6日,在马尼拉东南约750千米处生成了一个热带气旋,这个热带气旋向西北偏西移动,穿越菲律宾。11月7日,这个热带低气压加强为热带风暴,日本气象厅将其命名为"玲玲"。8日,"玲玲"加强为强热带风暴,并为菲律宾带来暴雨。9日,"玲玲"进入南海后加强为台风并向西推进。在"玲玲"的吹袭下,菲律宾中部和南部至少有200人死亡、130人受伤及137人失踪。越南中部至少有18人死亡及70人受伤,大量房屋被毁,导致至少1.2万人无家可归。

开动脑筋

1. 说说你所知道的2001年的台风?
2. 为什么说台风"潭美"是有史以来最小的台风之一?

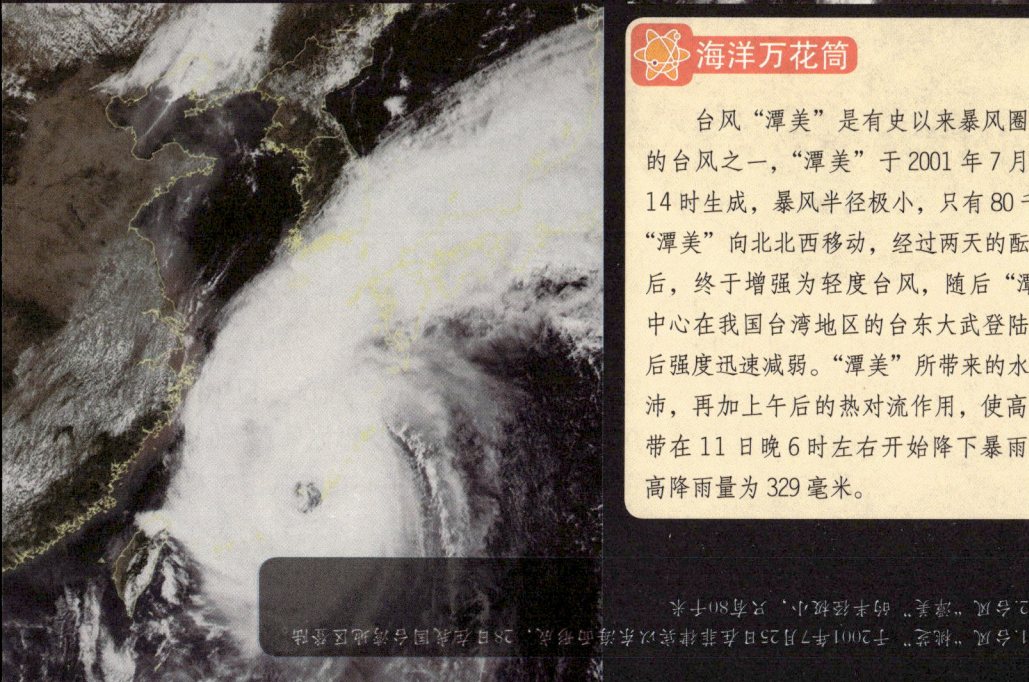

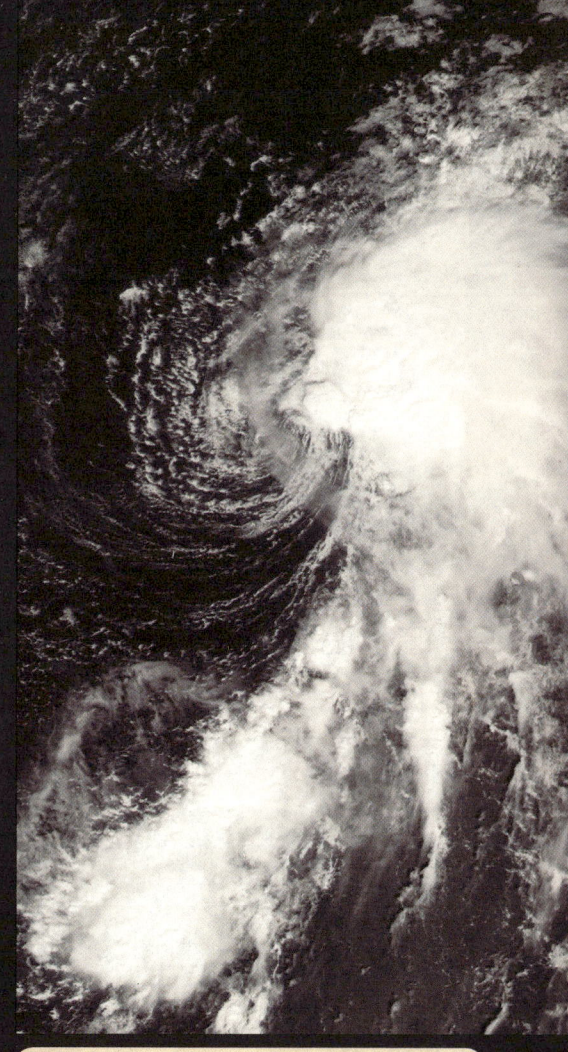

海洋万花筒

台风"潭美"是有史以来暴风圈最小的台风之一,"潭美"于2001年7月8日14时生成,暴风半径极小,只有80千米。"潭美"向北北西移动,经过两天的酝酿之后,终于增强为轻度台风,随后"潭美"中心在我国台湾地区的台东大武登陆,之后强度迅速减弱。"潭美"所带来的水汽充沛,再加上午后的热对流作用,使高屏一带在11日晚6时左右开始降下暴雨,最高降雨量为329毫米。

参考答案:
1. 台风"桃芝",于2001年7月25日在西北太平洋洋面上生成,28日为我国台风影响区登陆。
2. 台风"潭美",暴风半径极小,只有80千米。

Part 6 典型台风案例

发生在我国的台风案例

我国地处太平洋西岸，海岸线横跨22个纬度带，海岸带面积约占全国总面积的13%。因此，我国是世界上少数几个遭受台风影响最多、最广，受灾严重的国家之一。北起辽宁，南至广东、海南，台风的影响范围覆盖整个沿海地区。据统计，我国平均每年因台风造成的损失高达30多亿元。

堪称完美的"温黛"

台风"温黛"是中文译名，发生于1956年，老一辈的人都叫它"八一大台风"。1956年7月26日，一个巨大的低压区开始在马里亚纳群岛附近酝酿，并向北移动。关岛一连几天阴云密布。种种迹象都表明一个庞然大物即将生成。8日，美国飓风猎人探测飞机腾空而起，去探测那堆云团。飓风猎人探测出了每小时100海里的风速，美国空军惊呆了，慌忙升格编号，于是"温黛"就此诞生。29日，中国国家气象中心也将其定为超强台风。"温黛"在成为4级台风的同时，它的10级风圈半径竟然达到了335千米，8级风圈半径达550千米，整个风圈半径达700千米，而环流直径更是在2000千米左右。

"温黛"的征兆

1956年8月1日，超强台风"温黛"跨过琉球群岛，进入东海，行进方向由290度转为310度。从这一天上午开始，庞大的风圈开始触及浙江沿海，"跑马云"从东北急速飞向西南，一些经验丰富的渔民意识到即将发生的一切，立刻驾驶着没有无线电和收音机的渔船回港，这个举动挽救了他们的生命。而处在最危险地段的象山半岛，人们却没有意识到即将来临的巨大危险。"跑马云"、老鼠逃窜、鱼儿上浮翻滚，以及异常耀眼的太阳光，都没有警醒当地的人，一场巨大的灾难即将到来。

暴怒的"温黛"

1956年8月1日下午4时过后，瓢泼大雨倾泻在整个浙江大地上。狂风夹杂着雨水在丘陵和平原间呼啸而过，摧毁着它所遇到的一切。海边掀起滔天巨浪，毫不停息地冲刷着沿岸的堤坝。象山县的南庄平原上，人们看到雨点几乎与地面平行飞驰，打得人睁不开眼睛，而且还有随后而至的潮水，瞬间淹没了家园，漆黑的夜晚时不时有房屋被冲倒的声音传来，狂风推波助澜，被吹离的瓦片在空中飞舞。此时，有无数的干部、解放军战士及部分群众正奋不顾身地冲向门前的涂海塘，想要抗拒"温黛"的暴怒。然而，无情的海浪将近千名干部、解放军战士和群众从海塘上卷走，再也没有回来。

Part 6 典型台风案例

不肯罢休的"温黛"

　　超强台风"温黛"在浙江象山县肆虐，致使整个南庄平原看不到任何陆地，77 395 幢房屋被冲毁。有的人死在睡梦中，有的人死在撤离的道路上，有1800多人口的下山村仅有80余人幸存。"温黛"在象山制造了令人震惊的灾难，但是它却并没有罢休。"温黛"继续前行，横贯浙北大地，造成杭州71人死亡。"温黛"的强度逐渐减弱后，由于副热带高压不但没有退缩反而继续维持甚至西伸，致使它继续从西北方向朝内陆推进，给中国10个省区带来了不同程度的灾害。

"温黛"的伤痛

　　台风"温黛"存在的时间并不算特别长，只有8天多一点。但是，它造成的伤痛却让人们久久不能忘却。由于"温黛"来临之前没有组织群众往高处撤离，灾后幸存的人们看到眼前的景象无比悲痛——在房屋的瓦砾废墟中、在田间地野上、在残存的海塘边，散落着3000多具尸体，241户居民全家遇难，5614人受伤。田间地野还有随处可见的死亡的鸡、鸭，它们与人类一样，也没有逃过这场灾难。这样的场景堪比人间地狱。

直入中原腹地的"尼娜"

　　超强台风"尼娜"是一个环流较大的台风，它的风速不明，但是这个台风及其引发的次生灾害却是中国台风史上最惨烈的。1975年7月31日，台风"尼娜"在太平洋上空形成。8月3日，"尼娜"在经过我国台湾地区时，给当地造成了多人死伤的后果。"尼娜"穿越我国台湾地区后，在福建晋江登陆。此时，恰遇澳大利亚附近南半球空气向北半球爆发，西太平洋热带辐合线发生北跃，致使这个登陆台风没有像通常那样在陆地上迅速消失，却转化为台风低压，以罕见的强力，越江西、穿湖南，在常德附近突然转向，北渡长江直入中原腹地。

行径诡秘的"尼娜"

　　1975年8月5日，行径诡秘的"尼娜"突然从中央气象台的雷达监视屏上消失了。由于北半球西风带大形势的调整，"尼娜"在北上途中不能转向东行，于是"在河南境内停滞少动"，而"尼娜"停滞的具体区域是在伏牛山脉与桐柏山脉之间的大弧形地带，与南来的气流在这里发生剧烈的垂直运动，并在其他天气尺度系统的参与下，造成历史罕见的特大暴雨。这个地区又是兴建水库的最佳区域，上百个山区水库在这里星罗棋布。

135

Part 6 典型台风案例

"尼娜"带来的罕见暴雨

台风"尼娜"在伏牛山脉附近停滞时,带来了罕见的特大暴雨。从8月4日至8月8日,暴雨中心最大过程降雨量达1631毫米,在暴雨中心位于板桥水库附近的林庄,6小时最大降雨量达830毫米,超过了当时世界最高纪录782毫米。暴雨到来的数日内,白天如同黑夜,暴雨区形成特大洪水,量大、峰高、势猛。滚滚而至的洪水对暴雨区内的水库群造成严重的威胁。最大库容量为4.92亿立方米的板桥水库,已经承受了7.012亿立方米的洪水总量。

暴雨引发的溃堤

8月5日清晨,板桥水库水位开始上涨。8月8日上涨至最高水位117.94米,防浪墙顶过水深0.3米时,大坝在主河槽段溃决。6亿立方米水库水骤然倾下,如山崩地裂,声震数十里。溃坝洪水进入河道后,又以平均每秒6米的速度冲向下游。随后石漫滩水库在8日0时30分大坝漫决,一股高达5～9米、宽12～15千米的洪流迅速冲垮了下游的田岗水库。而后驻马店地区的主要河流全部溃堤漫溢。全区东西300千米,南北150千米,60亿立方米洪水疯狂漫流,到处都是汪洋一片。

惨重的次生灾害

　　由台风"尼娜"引发的惨重的次生灾害，在8月9日晚出现在人们面前。9日晚，洪水进入安徽阜阳地区境内，泉河多处溃堤，临泉县城被淹。数百万灾民泡在水里，疾病开始蔓延，病人上升至113万人。距离灾区最近的中国人民解放军某师及其他部队的近万名官兵，奉命赶到驻马店地区抗洪救灾。自8月9日起，武汉军区的大批救援部队也昼夜兼程陆续抵达灾区。人们所见的灾害之惨重远远超出预料，洪峰所到之处，墙倒屋塌，人畜尸体随波逐流。40千米长的泥沼里到处裸露着膨胀的尸体，惨不忍睹。

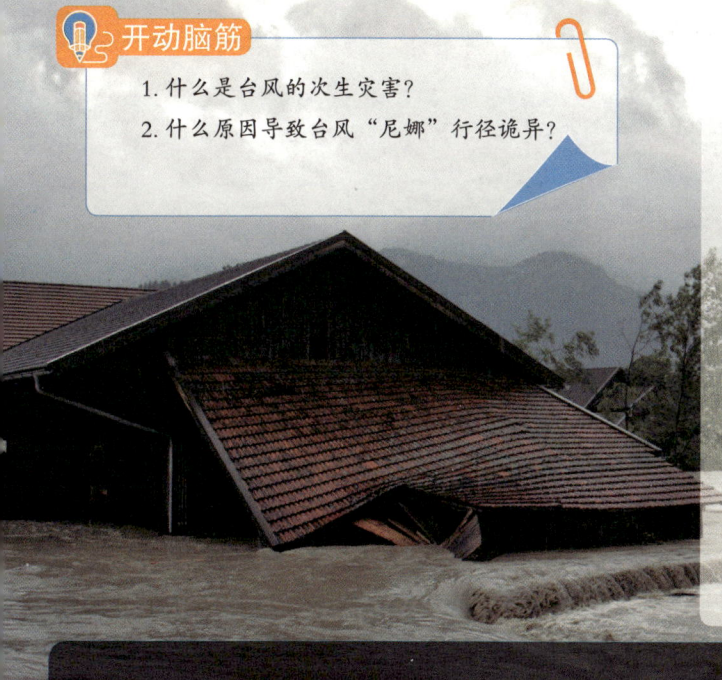

开动脑筋

1. 什么是台风的次生灾害？
2. 什么原因导致台风"尼娜"行径诡异？

台风次生灾害的反思

　　1975年由台风"尼娜"引发的溃堤事件，造成了河南省、安徽省29个县（市）1100万人受灾，人员伤亡惨重，1700万亩农田被淹，倒塌房屋596万间，冲走耕畜30.23万头，死亡人数近24万人。这样惨烈的结果是天灾和人祸共同作用的。当时建造的水库自信可以抵抗"百年一遇"的洪水，板桥水库甚至可以抵抗"千年一遇"的洪水。然而，1975年的这场大洪水让人们瞠目结舌，它的降水量相当于"千年一遇"降水量的两倍。

上海各区普遍出现8级的狂风天气，并伴有暴雨引发的洪涝灾害。2小时内乌鲁木齐地区积雨云层发生急剧变化，西北方向瞬间强烈降水，出现名副其实的"龙卷风"的场景。

海洋探秘系列 台风探秘

Part 6 典型台风案例

发生在美国的飓风案例

美国东濒大西洋，西临太平洋，东南靠近墨西哥湾。这样的地理环境，注定了它每年都会遭受飓风的袭击。美国每年的飓风灾害频繁发生，这是因为美国中南部有很大的平原，当冷气流与暖气流的锋面相遇的时候，地面没有足够高的山坡阻挡，所以，锋面的冲击容易扩大成为飓风。

飓风"桑迪"

2012年10月28日至30日，飓风"桑迪"横扫美国东海岸，使美国东部地区遭遇狂风暴雨、暴雪及洪水灾害。"桑迪"过境，在美国东部地区引发了大量的停水、停电、通信中断的事故，约有800万居民面临停电的困境，并且有1.8万个航班被迫取消。"桑迪"带来的暴雨冲垮了纽约市的部分地铁系统，淹没了新泽西北部至少4个城镇，导致交通瘫痪。飓风"桑迪"还影响了一年一度的"万圣节"游行活动，联合国总部也被迫关门，取消一切会议。"桑迪"共造成113人死亡，数十万人无家可归，经济损失达500亿美元。

飓风"卡特里娜"

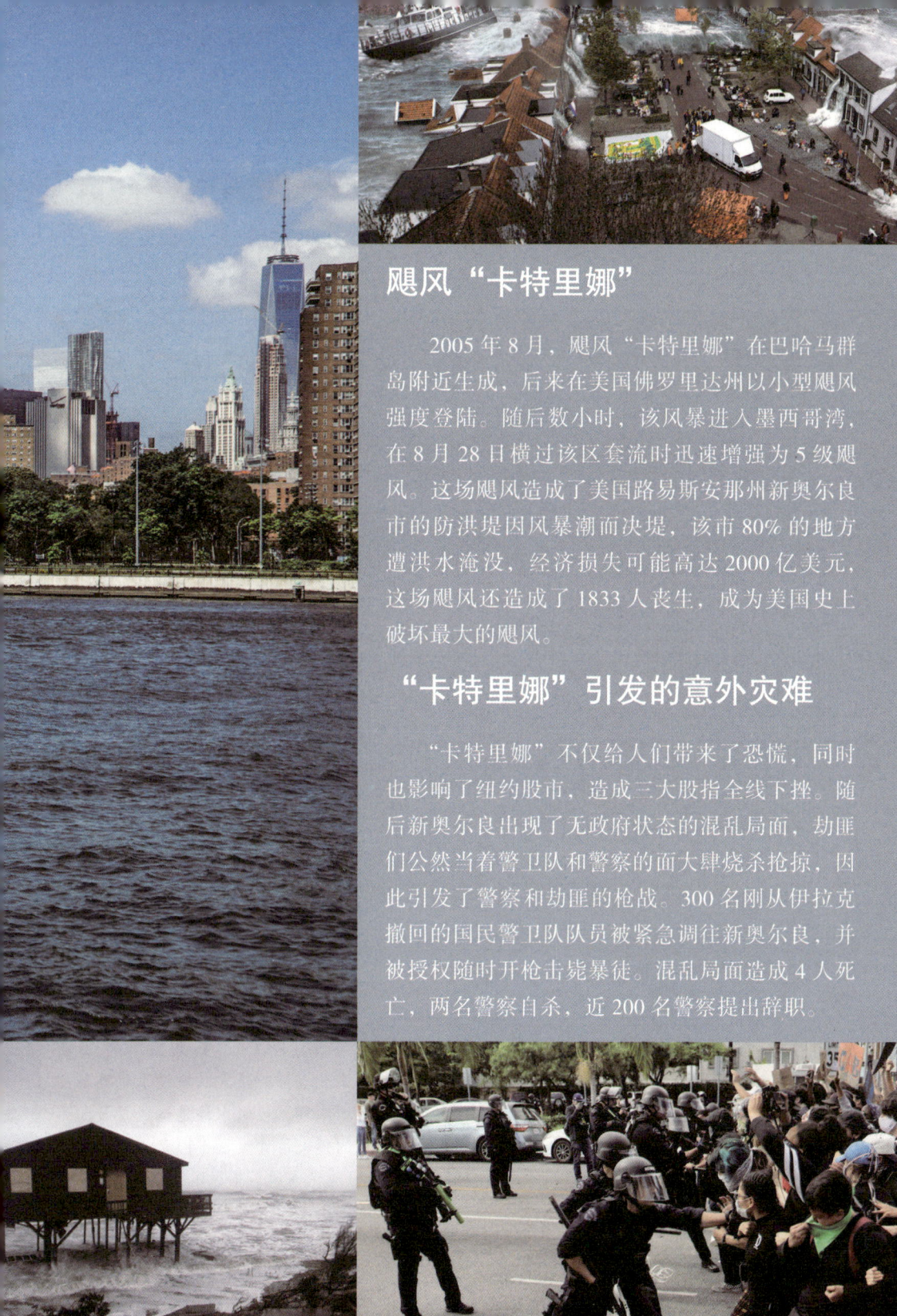

2005年8月,飓风"卡特里娜"在巴哈马群岛附近生成,后来在美国佛罗里达州以小型飓风强度登陆。随后数小时,该风暴进入墨西哥湾,在8月28日横过该区套流时迅速增强为5级飓风。这场飓风造成了美国路易斯安那州新奥尔良市的防洪堤因风暴潮而决堤,该市80%的地方遭洪水淹没,经济损失可能高达2000亿美元,这场飓风还造成了1833人丧生,成为美国史上破坏最大的飓风。

"卡特里娜"引发的意外灾难

"卡特里娜"不仅给人们带来了恐慌,同时也影响了纽约股市,造成三大股指全线下挫。随后新奥尔良出现了无政府状态的混乱局面,劫匪们公然当着警卫队和警察的面大肆烧杀抢掠,因此引发了警察和劫匪的枪战。300名刚从伊拉克撤回的国民警卫队队员被紧急调往新奥尔良,并被授权随时开枪击毙暴徒。混乱局面造成4人死亡,两名警察自杀,近200名警察提出辞职。

海洋探秘系列 台风探秘
Part 6 典型台风案例

飓风"安德鲁"

　　飓风"安德鲁"于1992年8月席卷了佛罗里达州、巴哈马群岛和路易斯安那州，这是登陆美国的第三大飓风，造成佛罗里达27人死亡、近8万人背井离乡。1992年8月14日，气象学家发现非洲西海岸生成了一个热带风暴潮，这个风暴潮缓慢地移动到大西洋的中心地带。8月17日，美国气象局正式将它命名为"安德鲁"。8月23日午后，"安德鲁"显露它的本来面目，以4级飓风的风速到达巴哈马群岛，给当地造成巨大损失，其中4人死亡，数千间房屋被毁。此时，南佛罗里达州居民开始积极防风，当日，"安德鲁"风速达到240千米/小时，相当于5级飓风，达到巅峰。致使赫木斯坦德市30万人无家可归，2.5万座房屋倒塌，大量农作物被严重毁坏，造成的损失无法估量。

海洋万花筒

　　1992年8月26日，"安德鲁"再次在路易斯安那州登陆。这次它放过了新奥尔良市，并开始减弱，但洪水还是造成了8人死亡，造成的损失估计为233.49亿美元。它带来了近28次龙卷风，摧毁了附近2.5万多幢房屋，近1.87亿条淡水鱼因此丧生。

飓风"艾克"

2008年8月，飓风"艾克"在非洲外海生成。随后升级为4级飓风，它先后掠过巴哈马的大伊那瓜岛，以及英属大特克岛，给岛上的建筑物造成了毁灭性的破坏。随后"艾克"又造成海地74人死亡，多米尼加共和国1人死亡。9月8日，"艾克"横穿古巴岛后再度进入加勒比海，造成古巴7人死亡。9月13日"艾克"以2级飓风的强度，在美国得克萨斯州的加尔维斯顿岛登陆，导致美国96人死亡，并造成270亿美元的经济损失。

奇闻逸事

1900年9月8日，美国历史上危害最大的飓风"加尔维斯顿"侵袭了得克萨斯州的加尔维斯顿市。风暴以时速217千米越过墨西哥湾，掀起7米高的排头浪。大量民众到海边去观看，结果来不及逃离，被巨浪吞没，共有6000人丧生。

Part 6 典型台风案例

飓风"威尔玛"

2005年10月17日，飓风"威尔玛"在西加勒比海的牙买加西南方形成。这是有记录以来最猛烈的大西洋飓风之一，仅次于1988年的飓风"吉伯特"。"威尔玛"于10月22日以4级飓风强度在美国金塔纳罗奥州登陆，坎昆及科苏梅尔岛受到严重破坏。"威尔玛"重返墨西哥湾后，在古巴北方掠过，后以3级飓风强度在10月24日登陆美国的佛罗里达州，直接造成22人死亡，总经济损失达160亿～200亿美元，给美国佛罗里达州造成了惨重的损失。

飓风"哈维"

2017年8月25日，飓风"哈维"的强度已达4级，以210千米的时速登陆美国得克萨斯州南部的石港，并对附近城镇柯珀斯克里斯蒂造成严重影响。飓风"哈维"带来的暴雨导致得克萨斯州沿海地区一些乡镇陷入一片汪洋，不少民众爬到屋顶求救。当地近600万人口受灾，地面和空中交通瘫痪，数十万户居民陷入断电的困境。强降雨还包围了休斯敦市数日，导致全城停电，学校停课，许多炼油厂关闭。据统计，飓风"哈维"造成了44人死亡，10万户住宅损毁，3.2万人被迫进入避难所，130万人受灾。

飓风"佛罗伦斯"

2018年9月11日清晨，飓风"佛罗伦斯"的中心部位于美国北卡罗来纳州东南偏东约1570千米，向西北偏西移动，时速达到24千米。4级飓风"佛罗伦斯"在奔向美国东海岸的路途上，强度有可能增强为5级飓风。美国国家飓风中心认为"佛罗伦斯"有可能成为"极度危险"的气象事件。超过150万居民被疏散，由于撤离人数众多，一些路线出现严重的交通拥堵。超市和杂货店货架也被抢购一空。该飓风造成37人死亡。

总统和官员的警告

美国联邦紧急事故管理总署(FEMA)署长朗恩警告，飓风"佛罗伦斯"行经的地区可能会停电好几周。北卡罗来纳州州长古柏说，"这个风暴是'怪兽'"，呼吁民众"必须现在就离开"，这不是大家可以待在家能挺过去的情况。这是一个历史性的风暴，也是"百年一遇"的风暴。美国总统特朗普也称："联邦政府已经绝对、完全准备就绪，将不惜一切代价应对飓风。"

💡 开动脑筋

1. 飓风"安德鲁"是在美国登陆的第几大飓风？

2. 飓风"艾克"在美国的什么地方登陆了？

Part 6 典型台风案例

发生在亚洲的台风案例

亚洲是台风的多发地区，每年都会有强度不同的台风登陆，造成大规模的大风以及降雨天气。比如，在南海生成的台风"古超"，直接影响了台湾海峡华南东部近海，华南地区都受到了暴雨侵袭。面对台风登陆带来的危害，气象部门会提前发布预警信息，这可以让渔排养殖人员提前准备，安全地转移上岸，最大限度地降低台风带来的损失。

台风"狮子山"

2021年10月8日，南海热带低压正式加强为热带风暴，并获称"狮子山"。这个名字是由我国香港地区提供的，意为"香港一座远眺九龙半岛的山峰"。本次的台风"狮子山"名称是第三次使用。2021年10月8日22时50分前后，"狮子山"的中心在海南省琼海市沿海登陆，登陆后转向西北方向移动，穿过海南岛后，进入北部湾，向越南北部一带沿海靠近。10月10日下午4时20分前后，"狮子山"在越南北部的南定省沿海登陆，登陆时中心附近最大风力有8级。随后"狮子山"以每小时5～10千米的速度向西偏南方向移动，强度逐渐减弱。

台风"莲花"

台风"莲花"是 2009 年太平洋台风季的一个热带气旋,它是 2009 年第 3 个被命名的风暴。"莲花"生成后先在南海中部徘徊或停滞了约 22 小时,然后加速转向北偏东方向移动,"莲花"周边天气系统的复杂多变,致使其路径曲折变化,预报难度大。它的移动速度十分缓慢,似乎在原地停滞不前。随后"莲花"以每小时 15 千米左右的速度向偏北方向移动,沿台湾海峡向东北方向移动,同时强度有所加强。随后台风逐渐向福建南部到广东东部沿海靠近,广东省正好经历了全省性的连续多场强降雨,江河水位较高,部分山塘水库涨满,防御工作十分严峻。

"莲花"造成的影响

台风"莲花"在福建省晋江市东石登陆。受影响的还有广东省深圳、惠州、汕尾、揭阳、汕头、潮州 6 市。6 月 20 日深夜,15 235 艘渔船全部在港避风,同时转移海上作业人员 11 645 人,转移危险区域人员 8206 人。晋江转移 16 万人。福建海事局介绍,截至 6 月 21 日 18 时,全省有 162 757 名渔排养殖人员转移上岸。

Part 6 典型台风案例

台风"圆规"

　　台风"圆规"于 2010 年 8 月 29 日在琉球群岛东南海面上获得日本气象厅命名,这个名字是第二次被使用。"圆规"是日本提供的 10 个名字之一,是指圆规座。随后"圆规"强度不断加强,逐渐向西北转北偏西方向移动,于 9 月 2 日上午在朝鲜半岛西部沿海登陆。"圆规"在经过冲绳县时,它挟带的强风暴雨造成约 3.2 万户住宅停电,导致航空公司取消 432 个航班,影响约 57 126 人。第二天清晨,"圆规"登陆韩国,在首都首尔及周边地区造成严重破坏,导致最少 3 人死亡,数十人受伤,10 多万户住宅停电,120 多个内陆及国际航班取消。

台风"鲸鱼"

　　台风"鲸鱼"是 2009 年第 1 号强台风,"鲸鱼"是日本提供的 10 个名字之一,意为鲸鱼座。"鲸鱼"于 2009 年 4 月 27 日在菲律宾马尼拉附近生成,5 月 7 日减弱为温带气旋。台风"鲸鱼"共造成 27 人死亡,9 人失踪,超过 5.4 万人无家可归。

台风"古超"

2017年9月3日，热带风暴"古超"在菲律宾吕宋岛以东的西北太平洋洋面上生成，日本气象厅将其认定为热带低气压。"古超"的名称是音译名，由密克罗尼西亚提供，意为姜黄，是一种香料的名称。随后，中央气象台将其认定为热带低压。当日10时30分许，美国联合台风警报中心将其在24小时内形成热带气旋的机会提升为"MEDIUM"，并且发出热带气旋形成警报。

"古超"的特点

"古超"在南海近海生成，这导致它在生成后直接影响了台湾海峡华南东部近海，而且"古超"的云系结构不对称，台风中心和云系相分离，风眼不明显，初期移动路径和发展存在很大变数。由于台风"古超"的中心西南侧有强对流云团，降雨区域相对集中，导致华南沿海受到暴雨侵袭，华南接连遭受台风"天鸽"、台风"帕卡"、台风"玛娃"密集登陆影响，土壤含水量饱和，江河湖库水位偏高，极易引发山洪、泥石流和滑坡等次生灾害。

Part 6 典型台风案例

台风"蒲公英"

台风"蒲公英"于 2004 年 6 月 23 日在菲律宾以东洋面上生成，7 月 1 日在我国台湾地区的花莲登陆，7 月 3 日在浙江乐清黄华镇登陆。"蒲公英"的名称由朝鲜提供，意为"一种小黄花"。"蒲公英"初期移动速度比较缓慢，随着强度增强，在接近上海海面时，移速逐渐加快。7 月 3 日，台风在浙江登陆后，以每小时 25～37 千米的速度渐渐远离上海。"蒲公英"有明显的不对称现象，为螺旋云系，风速也很大。上海地区虽然受到影响，但是由于预报及时，防汛措施得当，大大降低了因台风引起的经济损失。

台风"玛娃"

强台风"玛娃"于 2012 年 6 月 1 日 14 时在菲律宾以东洋面上生成，6 月 2 日加强为台风，6 月 3 日夜间加强为强台风，"玛娃"一名由马来西亚提供，意为"玫瑰花"。4 日 5 时，台风"玛娃"的中心位于冲绳县南偏西方向约 580 千米的西北太平洋洋面上，以每小时 15 千米左右的速度向北偏东方向移动，强度也在逐渐加强。台风"玛娃"造成 30 名菲律宾渔民失踪，后来菲律宾救灾部门负责人表示，早前失踪的菲律宾渔民全部获救。

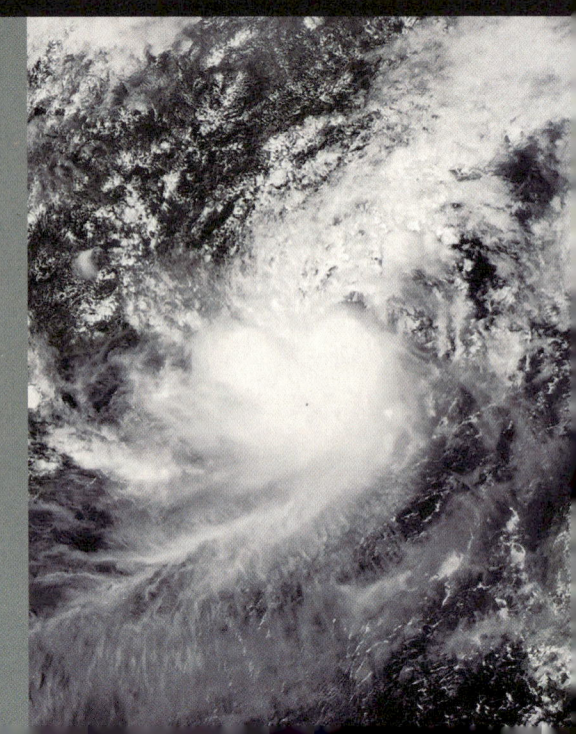

超强台风"莎莉嘉"

　　超强台风"莎莉嘉"于2016年10月12日在菲律宾以东洋面上生成,它的云系巨大而壮观,南侧有丰富水汽的补充,北侧则被副热带高压压制着。"莎莉嘉"的名称由柬埔寨提供,意为"啼鸟"。10月16日凌晨2时20分前后,超强台风"莎莉嘉"在菲律宾吕宋岛东部沿海登陆。10月18日上午9点50分前后,在海南省万宁市和乐镇沿海登陆,受"莎莉嘉"影响,海南省19个市县228个乡镇及街道299万人受灾,紧急转移安置66万人,未有人员伤亡,直接经济损失达45.59亿元。

台风"红霞"

　　台风"红霞"于2020年9月16日3时许在南海东南部海域获得命名,"红霞"的名称由朝鲜提供,意为"红色的天空"。"红霞"一路向西偏北方向移动,强度逐渐加强,横过南海中部,并于9月18日9时30分许在越南顺化省东部沿海登陆。我国广东、广西地区受到影响。9月18日广东省三亚市中小学停课,三亚市一带全部涉海景区、涉海旅游项目暂停营业。

开动脑筋

1. 台风"莲花"在我国的哪个地区登陆了?
2. 台风"蒲公英"名称是哪国提供的?代表什么意思?
3. 台风"莎莉嘉"给我国造成了多少经济损失?

海洋探秘

| 深海探秘 SHENHAI TANMI | 企鹅探秘 QI'E TANMI | 水母探秘 SHUIMU TANMI | 台风探秘 TAIFENG TANMI | 鲨鱼探秘 SHAYU TANMI |

| 潜水探秘 QIANSHUI TANMI | 极地探秘 JIDI TANMI | 章鱼探秘 ZHANGYU TANMI | 观赏鱼探秘 GUANSHANGYU TANMI | 鲸探秘 JING TANMI |